Python 科学计算及应用

谭云松 章 瑾 金 豪 编著

西南交通大学出版社
·成 都·

内容简介

本书以科学计算方法为核心，以 Python 为工具，讲解了 Python 计算生态，涵盖了常用的数学计算、符号计算、数据分析、数据可视化、办公自动化和人工智能等内容。本书根据作者多年软件开发和教学实践经验，用通俗易懂的语言围绕如何计算数据而展开，实例丰富，易于理解和掌握。本书内容安排合理，循序渐进，深入浅出，融内容讲解、练习题和实验于一体，并提供全方位的教学资源。

本书既注重基础，也重视应用和实践，不要求学生先学其他计算机语言，适合 Python 的初学者使用，可作为高等学校各专业学习科学计算语言或 Python 程序设计的教材或参考书，也可供自学者使用。

图书在版编目（CIP）数据

Python 科学计算及应用 / 谭云松，章瑾，金豪编著
. —成都：西南交通大学出版社，2021.9（2025.1 重印）
ISBN 978-7-5643-8260-5

Ⅰ. ①P… Ⅱ. ①谭… ②章… ③金… Ⅲ. ①软件工具 – 程序设计 Ⅳ. ①TP311.561

中国版本图书馆 CIP 数据核字（2021）第 190464 号

Python Kexue Jisuan ji Yingyong
Python 科学计算及应用

谭云松　章　瑾　金　豪 / 编　著

责任编辑 / 李　伟
封面设计 / 何东琳设计工作室

西南交通大学出版社出版发行

（四川省成都市金牛区二环路北一段 111 号西南交通大学创新大厦 21 楼　　610031）
发行部电话：028-87600564　028-87600533
网址：http://www.xnjdcbs.com
印刷：四川森林印务有限责任公司

成品尺寸　185 mm × 260 mm
印张　14.75　　字数　368 千
版次　2021 年 9 月第 1 版　　印次　2025 年 1 月第 3 次
书号　ISBN 978-7-5643-8260-5
定价　39.00 元

科学计算是大专院校理工类及相关专业的必修课，能够进行科学计算的程序设计语言很多，Python 作为科学计算的工具之一，因其免费、开源、跨平台，并拥有大量功能强大的内置对象、标准库和扩展库及众多狂热的支持者，在编程语言流行排行榜稳居前列。

Python 科学计算有如下几个优点：首先，Python 完全免费，众多开源的科学计算库都提供了 Python 的调用接口，用户可以在任何计算机上免费安装 Python 及其绝大多数扩展库；其次，Python 是一门更易学、更严谨的程序设计语言，能够让用户编写出更易读、更易维护的代码；最后，Python 有着丰富的扩展库，可以轻易完成各种高级任务，开发者可以用 Python 实现完整应用程序所需的各种功能。因此，掌握 Python 科学计算语言成为各领域科研及管理人员的必备技术之一。

由于 Python 语言的简洁、易读以及可扩展性，用 Python 做科学计算的工具也十分普遍，本书除了讲解常用的编程技术外，也详细讲解了多个经典的科学计算扩展库，如 SymPy、NumPy、SciPy 和 Matplotlib 等，它们分别为 Python 提供了符号计算、快速数组处理、数值分析以及绘图等功能。因此，Python 语言及其众多的扩展库所构成的科学计算生态十分适合工程技术人员、科研人员处理实验数据、制作图表，甚至开发科学计算应用程序。

掌握科学计算工具 Python，需要熟练运用优秀、成熟的扩展库，而熟练掌握 Python 基础知识和基本数据结构是理解和运用其他扩展库的必备条件，在实际科学计算中，优先使用 Python 内置对象和标准库，再结合专业领域运用其扩展库。本书共分为 3 篇 10 章内容：第 1 篇是基础部分，包含前 5 章内容，介绍了 Python

的语法基础知识，通过大量的案例讲解和练习夯实基础；第 2 篇是应用部分，包含后 5 章内容，介绍了常用科学计算库、数据可视化、办公自动化、人工智能及文件处理等内容；第 3 篇是实验部分，共 10 个实验，基本上对应于每一章内容，教学与实践相结合。主要内容组织如下：

在基础部分，第 1 章介绍 Python 语言的开发环境，第 2 章是科学计算基础，第 3 章讲解计算结构，第 4 章介绍 Python 序列及用法，第 5 章是函数计算。

在应用部分，第 6 章介绍科学计算的扩展库，第 7 章介绍 Python 数据可视化，第 8 章是 Python 办公自动化，第 9 章介绍 Python 在人工智能中的应用，第 10 章介绍文件及数据格式化。

每个学校对本门课程的学时规定不一，本书适合学时为 32～64 课时的课程，如学时有限，建议先学完前 5 章基础内容，再根据各专业的特点有选择性地学完后面的应用部分。

为方便教师教学和学生学习，本书还提供了教学课件和所有源代码，每一章后面包含了基本练习题及实践操作题，附录实验中提供了实践操作题的源代码，教学更轻松。

本书由谭云松、章瑾和金豪编著，参加编写的还有李玮、张蕾等同志。本书在编写过程中，参考和引用了很多同行的教材及网络博客，在此，向被引用文献的作者及给予本书帮助的所有人士表示衷心的感谢，同时感谢西南交通大学出版社领导和编辑的大力支持与帮助。

本书是作者多年教学经验的总结和体现，尽管不遗余力，但由于作者水平有限，书中难免存在不足与疏漏之处，敬请读者予以批评指正，在此表示衷心感谢！

本书课件

源代码

作　者

2021 年 7 月

目 录
CONTENTS

第 3 篇 实验部分

## 第 1 篇

基 础 部 分

 Python 概述

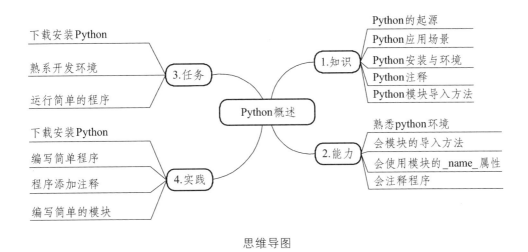

思维导图

1.1 Python 简介

1.1.1 起 源

Python 命名的由来颇具感性色彩。1989 年圣诞节期间，在阿姆斯特丹，Guido 为了打发圣诞节的无趣，决定开发一个新的脚本解释程序，命名来自 Guido 所挚爱的电视剧 *Monty Python's Flying Circus*。他希望这个程序叫 Python（蟒蛇）语言，创造一种介于 C 和 shell 之间、功能全面、易学易用、可拓展的语言。

Python 是一个易于学习、功能强大的编程语言。它拥有高效的数据结构和一种简单有效的面向对象的编程方法。Python 优雅的语法、动态类型及其解释性，使其成为一个大多数平台上许多领域中脚本编写和快速应用程序开发的理想语言。从 2021 年 7 月编程语言流行排行榜上的数据可以看出，Python 语言稳居前三名位置，如图 1.1 所示。

Jul 2021	Jul 2020	Change		Programming Language	Ratings	Change
1	1			C	11.62%	-4.83%
2	2			Java	11.17%	-3.93%
3	3			Python	10.95%	+1.86%
4	4			C++	8.01%	+1.80%
5	5			C#	4.83%	-0.42%

图 1.1 2021 年 7 月编程语言流行排行榜

1.1.2 Python 的特点

1. 语法简洁

Python 语法非常接近自然语言，可以用来精确表达问题逻辑，能够让用户专注于问题的解决方法，而不是语言本身。Python 3 只有 30 多个保留字，十分简洁，语法非常简单，上手非常容易。

2. 免费开源

Python 是一个免费/自由的开源软件（Free/Libre and Open Source Software，FLOSS）。简单来讲，用户可以自由发布软件的副本，阅读它的源代码，对其进行修改，并且在新的免费程序中使用它的部分内容。

3. 高级语言

当使用 Python 编写程序时，永远不需要考虑底层细节，诸如管理程序使用的内存等。

4. 可移植

由于它的开源特性，Python 已经被移植（为了使它能够正常工作而修改）到许多平台上。所有的 Python 程序在任意一个平台上都能正常工作，而不需要做任何修改。

5. 解释性（和编译性相对）

用 C 或 C++等编译语言写的程序，需要通过使用带有各种标志和选项的编译器，从 C 或 C++的源语言转换为计算机所使用的语言（二进制代码，即 0 和 1）。当运行程序时，链接器或加载器软件把程序从硬盘复制到内存中并开始运行。而 Python 不需要编译成二进制代码，可以直接从源代码运行程序。在内部，Python 会转换成一种被称为字节码的中间形式，然后将字节码转换成计算机的机器语言来运行。实际上，所有这些操作使得 Python 更加易于使用，而不必考虑如何编译程序，也不必考虑如何确保合适的库已经被链接和加载等。这也让 Python 程序更加具有移植性，把程序复制到另一台计算机上，它依然可以正常工作。

6. 面向对象（OOP）

Python 既支持面向过程编程，又支持面向对象编程。在面向过程的语言中，程序围绕过程或者函数构建；在面向对象的语言中，程序围绕包括数据和方法的对象构建。与 C++或者

Java 等大型语言相比，Python 有一种非常强大又极其简单的 OOP 方法。

7. 可扩展

Python 提供了丰富的 API（应用程序接口）和工具，程序员能够轻松地使用 C 或 C++语言编写扩充模块。

8. 丰富的库

Python 标准库丰富，能够帮用户做各种各样的事情，包括正则表达式、文档生成、单元测试、线程、数据库、网页浏览器、CGI（通用网关接口）、FTP（文件传输协议）、电子邮件、XML（可扩展标记语言）、XML-RPC（远程过程调用）、HTML（超文本标记语言）、WAV 文件、加密、GUI（图形用户界面）以及其他系统相关的内容。只要安装了 Python，所有这些功能都可以使用。除了标准库以外，还可以在 Python 包索引中找到其他各种高质量的库。

1.2 Python 的应用场景

1. Web 应用开发

Python 经常用于 Web 开发，在这个过程中，涌现出了很多优秀的 Web 开发框架，如 Django、Pyramid、Bottle、Tornado、Flask 和 web2py 等。许多知名网站都是使用 Python 语言开发的，如豆瓣、知乎、Instagram、Pinterest、Dropbox 等。

2. 操作系统管理

Python 简单易用、语法优美，特别适合系统管理，在很多操作系统里，Python 是标准的系统组件。大多数 Linux 发行版以及 NetBSD、OpenBSD 和 Mac OS X 都集成了 Python，可以在终端直接运行 Python。还有一些 Linux 发行版的安装器使用 Python 语言编写，比如 Ubuntu 的 Ubiquity 安装器、Red Hat Linux 和 Fedora 的 Anaconda 安装器。一般说来，Python 编写的系统管理脚本在可读性、性能、代码重用度、扩展性几方面都优于普通的 shell 脚本。

3. 科学计算

Python 语言是科研人员最喜爱的数值计算和科学计算编程语言，Python 生态中有 SymPy、NumPy、SciPy 和 Matplotlib 等开源库，可以让 Python 程序员编写与 MATLAB 媲美的科学计算程序。

4. 桌面软件开发

可以使用 Python 标准库模块进行 GUI 编程，此外，PyQt、PySide、wxPython 和 PyGTK 等也是 Python 快速开发桌面应用程序的利器，使用 Python 程序可以轻松地开发出一个可移植的应用软件。

5. 服务器软件开发

Python 对于各种网络协议的支持很完善，因此经常用于编写服务器软件、网络爬虫。第三方库 Twisted 支持异步网络编程和多数标准的网络协议（包含客户端和服务器），并且提供了多种工具，被广泛用于编写高性能的服务器软件。

6. 游戏开发

很多游戏使用C++编写图形显示等高性能模块，而使用 Python 或者 Lua 编写游戏的逻辑。相较于 Python，Lua 的功能更简单、体积更小；而 Python 则支持更多的特性和数据类型。

7. 人工智能

Python 广泛地支持和应用于人工智能领域，是人工智能的主流语言之一。在大量数据的基础上，结合科学计算、机器学习等技术，Python 对数据进行分析处理的功能非常完善。

1.3 Python 科学计算环境

基于 Python 的科学计算环境需要安装相应的软件，本书基于 Windows 操作系统，首先需要安装 Python 软件。此外，在命令行中通过 pip install 指令安装扩展库 NumPy、SymPy、Matplotlib、Scipy、Pandas、Scikit-learn 等。在实际工作中，要根据具体的计算需求安装合适的库。

1.3.1 Python 软件安装

Python 开发工具的官方下载网址为 www.python.org，以 Python 3.9.1 为例，界面如图 1.2 所示。

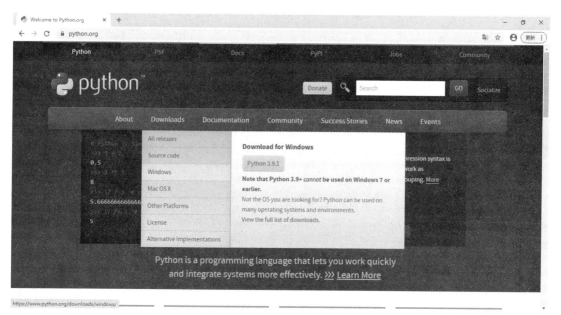

图 1.2 Python 官方网站下载 Python 3.9.1

单击 Downloads 选项，显示有最新版本的 Python，下载安装即可。如选择其他版本，可单击 Windows 选项，根据自己的计算机操作系统选择 Windows installer（32-bit）或 Windows installer（64-bit）选项，如图 1.3 所示。默认安装选择 Install Now 选项，用默认路径。自定义安装选择 Customize installation 选项，可以修改安装路径。

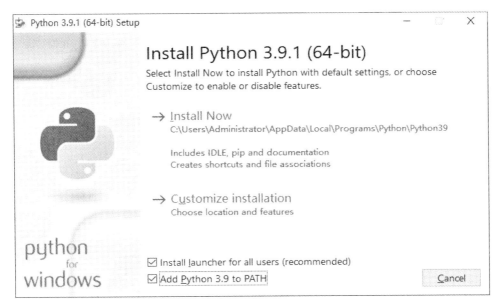

图 1.3　安装 Python

安装成功后，可以在"开始"菜单看到 Python 的选项，如图 1.4 所示。

图 1.4　安装目录

选择 IDLE（Python 3.9 64-bit），打开集成开发环境，如图 1.5 所示。

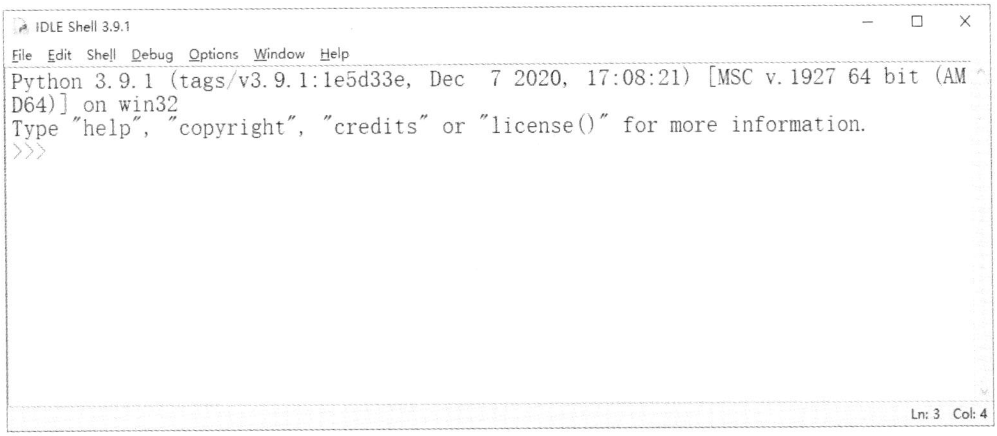

```
IDLE Shell 3.9.1                                                    —  □  ×
File  Edit  Shell  Debug  Options  Window  Help
Python 3.9.1 (tags/v3.9.1:1e5d33e, Dec  7 2020, 17:08:21) [MSC v.1927 64 bit (AM
D64)] on win32
Type "help", "copyright", "credits" or "license()" for more information.
>>>
```

图 1.5　Python 集成开发环境

1.3.2　Python IDLE 用法

在安装 Python 后，会自动安装一个 IDLE（Integrated Development and Learning Environment，集成开发与学习环境），程序开发人员可以利用 IDLE Shell 与 Python 交互。在

图 1.5 中，>>>是命令提示符，是自动出现的，把要执行的命令输入在后面，然后单击 Enter 键执行命令。这种命令行的形式可以运行单条命令或一组命令，执行完就不能修改，把这种运行程序的模式称为交互模式。例如：计算一个式子，如图 1.6 所示。

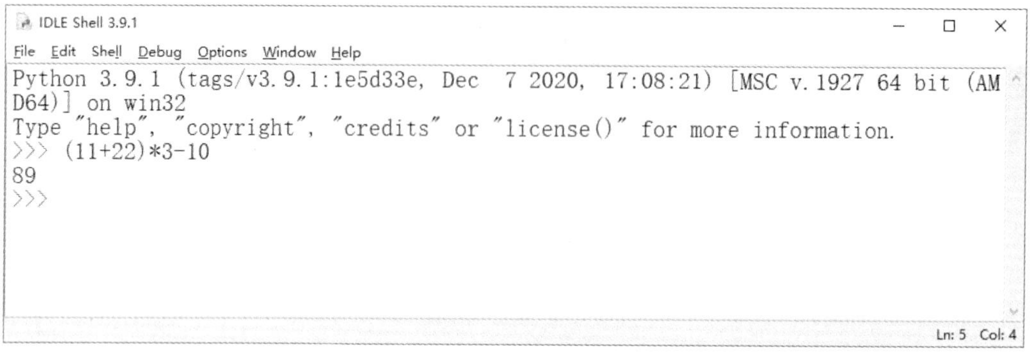

图 1.6　简单计算

在一行可以输入多条命令，以分号（;）或逗号（,）隔开。注意区别，以分号隔开时，结果分行显示，以逗号隔开时，结果显示在一对圆括号中，如图 1.7 所示。

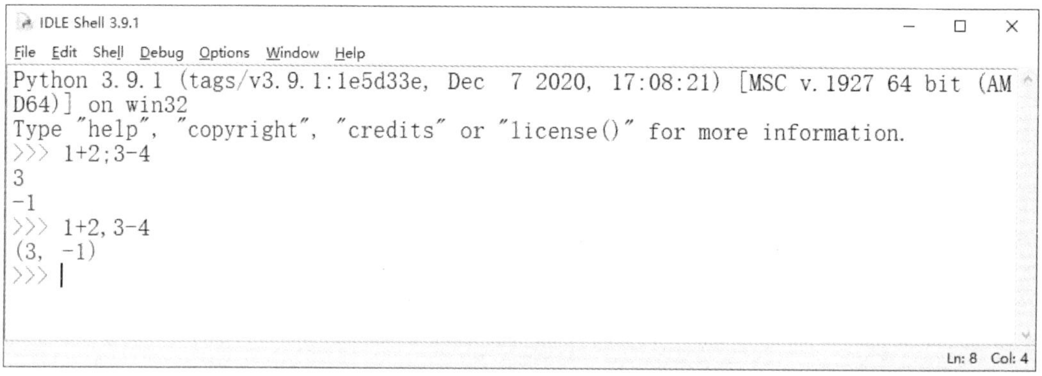

图 1.7　多条命令计算

对于多条命令，为便于修改与调试，以文件的形式保存程序，称这种模式为文件模式。在图 1.7 中，选择 File→New File 命令，会出现如图 1.8 所示的编辑窗口。

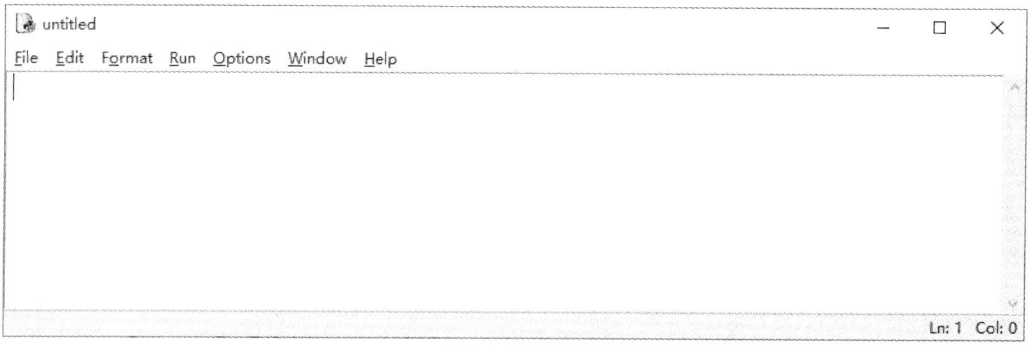

图 1.8　文件编辑器

在这里就可以编辑多条语句，如图 1.9 所示。

untitled
File Edit Format Run Options Window Help
a=2
b=3
c=a+b
print(c)
Ln: 3 Col: 0

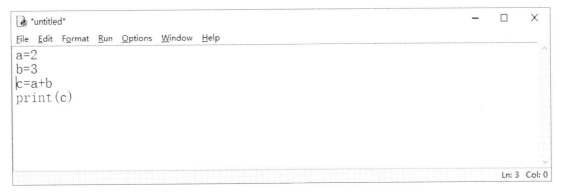

图 1.9 编辑文件

编辑完语句后，单击 Run→Run Module 命令，弹出提示框，如图 1.10 所示，需要保存程序，单击“确定”按钮，将程序保存在计算机上，为文件命名为×××.py 或者×××（×表示任意符号），默认文件扩展名是.py（Python 文件）。

Save Before Run or Check
Source Must Be Saved
OK to Save?
确定
取消

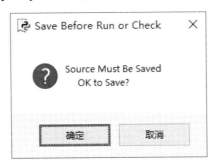

图 1.10 提示框

保存后会出现如图 1.11 所示的运行结果，可以修改程序多次运行观察结果。

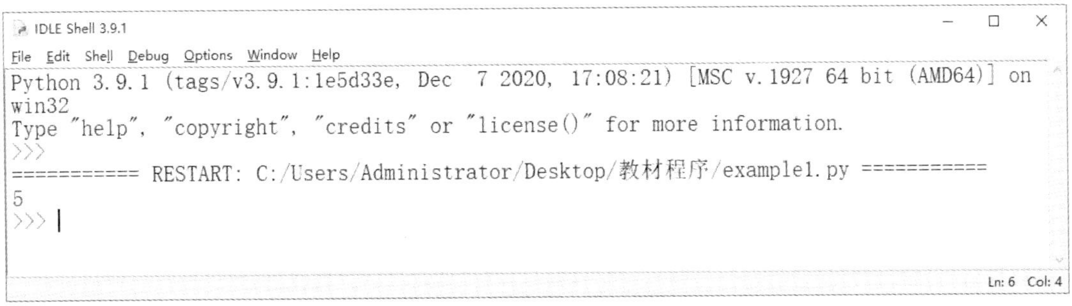

IDLE Shell 3.9.1
File Edit Shell Debug Options Window Help
Python 3.9.1 (tags/v3.9.1:1e5d33e, Dec 7 2020, 17:08:21) [MSC v.1927 64 bit (AMD64)] on win32
Type "help", "copyright", "credits" or "license()" for more information.
>>>
=========== RESTART: C:/Users/Administrator/Desktop/教材程序/example1.py ===========
5
>>>
Ln: 6 Col: 4

图 1.11 运行窗口

在后续章节中，将用交互模式来测试一些不熟悉的命令，用文件模式进行代码编写。由于 IDLE 简单、方便，很适合初学者，本书均使用 IDLE 作为开发工具。为了编写、调试和运行较复杂的程序，还有其他的开发工具可以选择，如 Anaconda、Pycharm、VS Code、Sublime Text 3、Jupyter Notebook 等。

1.3.3 Anaconda 工具介绍

Anaconda 是一个包含大量科学计算库及其依赖项的发行版本。其包含的科学计算库包括

Conda、NumPy、SciPy、IPython、Notebook 等。Anaconda 具有如下特点：开源、安装过程简单、高性能使用 Python 和 R 语言及免费的社区支持。Anaconda 是在 Conda（一个库管理器）上发展起来的。在数据分析中，会用到很多第三方的包，而 Conda 可以很好地帮助用户在计算机上安装和管理这些库，包括安装、卸载和更新库。Anaconda 可用于多个平台（Windows、Mac OS X 和 Linux）。可以在下面地址下载安装：https://www.anaconda.com/。

找到安装程序和安装说明，根据操作系统是 32 位还是 64 位选择对应的版本下载安装。安装完成后可以看到，Anaconda 提供了 Spyder、IPython 和一个命令行，使用 conda list 命令可以看到所安装的软件包。Spyder 如同 IDLE，是 Python 的一个拓展包。Spyder 相比于 Python 自带的 IDLE，功能要强大不少，属于轻量级的功能强大的集成开发环境。

1.3.4 Python 的运行机制

Python 是一门类似于脚本的编程语言，就好像各种各样的控制台命令一样，可以直接在控制台运行，也可以编辑成文件（脚本）来运行。对于文件，为了提高开发效率和便于管理，一般习惯使用 IDE 工具来进行开发。绝大部分语言的程序都是要经过编译后，由系统/解析器来执行编译生成的文件，Python 在运行机制上却很特殊，可以直接执行源程序文件。Python 并不是不需要编译，而是通过虚拟机直接执行源程序。

当执行写好的 Python 代码时，Python 解释器会执行两个步骤。先把原始代码编译成字节码，再把编译好的字节码转发到 Python 虚拟机（Python Virtual Machine，PVM）中执行。以.py 为扩展名的文件是源代码文件，由 Python.exe 解释，在控制台下运行。当然也可以用文本编辑器进行修改。以.pyc 为扩展名的文件是 Python 的编译文件。.pyc 文件是不能用文本编辑器进行编辑的，但是它的优点在于.pyc 文件的执行速度快于.py 文件。

1.3.5 程序注释

注释的作用基本上可以归纳为两个：一是通过用自己熟悉的语言，在程序中对代码进行标注说明，这样能够大大增强程序的可读性；二是删除多余的代码，开发过程中，删除一些代码时，通常会选择用注释的形式。注释可以分为两类，即单行注释和多行注释。

1. 单行注释

以#开头，#右边的所有内容当作说明，而不是真正要执行的程序，起辅助说明，如图 1.12 所示。

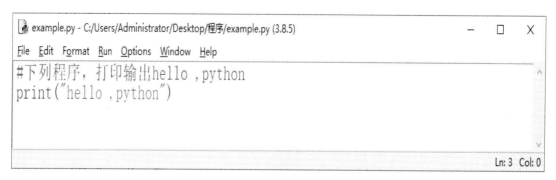

图 1.12　注释说明

运行结果如图 1.13 所示。

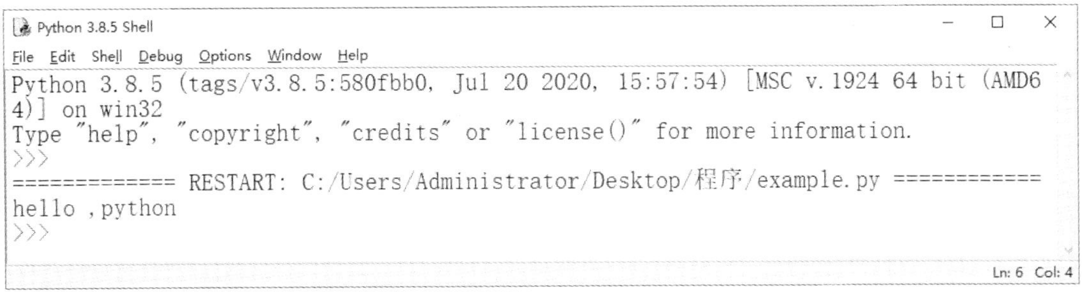

图 1.13　有注释的程序运行结果

2. 多行注释

Python 中多行注释用一对三引号（单引号或双引号）表示。如图 1.14 所示是用一对三单引号表示的注释，换成三个双引号（"""）也一样。

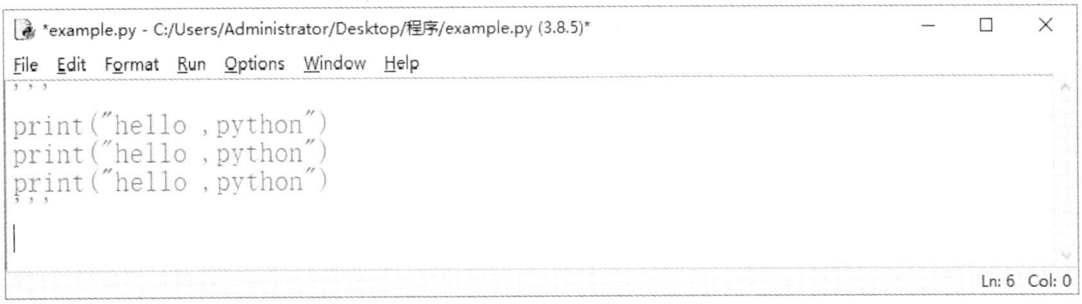

图 1.14　多行注释

运行结果如图 1.15 所示，结果中没有显示注释内容。

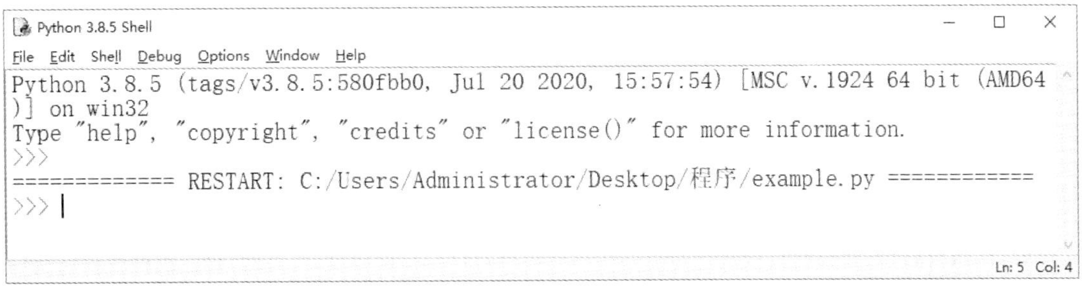

图 1.15　有多行注释的运行结果

1.4　Python 模块与包

1.4.1　模　块

Python 中的模块（Module）是一些功能的组合，实质上就是一个 Python 文件，以 .py 结尾，包含了 Python 定义和声明的文件，模块名就是不带扩展名的文件名。模块中能定义函数、类和变量，模块里也能包含可执行的代码。常见的模块有以下几种：

① 利用 Python 编写的.py 文件（自定义模块）。

② 已被编译为共享库或 DLL 的 C 或 C++扩展库。

③ 使用 C 编写并链接到 Python 解释器的内置模块。

1. 模块的定义方法

如下代码新建了一个 mod.py 文件，就是一个模块，需要用该模块的 sum()方法时，只需要 import mod 后就能直接调用该模块了。

```
#定义一个模块，文件名为 mod.py，模块名为 mod（无后缀的文件名）
def sum(a,b,c):
    return a + 2*b+3*c
```

2. 模块的导入方法

已定义好的模块有三种导入方法：

① import 模块名 [as 别名]

这种方式简单，会导入模块中的所有内容，而且使用时还要带上模块名称，例如 import random,time；random.shuffle()；time.time()。

② from 模块 import 对象名 [as 别名]

从模块中导入一个指定的方法到当前命名空间中，这种导入方法值得推荐，但需要记住方法的名称，如 from math import sin、cos，使用时不用带模块名称。

③ from 模块 import *

该导入方法把一个模块的所有内容全都导入当前的命名空间中,该方法不建议过多使用。

3. 模块的__name__属性

__name__（注意 name 前后都是双下划线）是一个标识模块名称的系统变量，是系统定义的名字，如果模块是被导入，__name__的值为模块名字，如果模块是被直接执行，__name__的值为 "__main__"，如：

```
#hello.py
def sayHello():
    print("hello")
    if __name__ == "__main__":
        print ('This is main of module "hello.py"')
sayHello()
```

运行结果如图 1.16 所示。

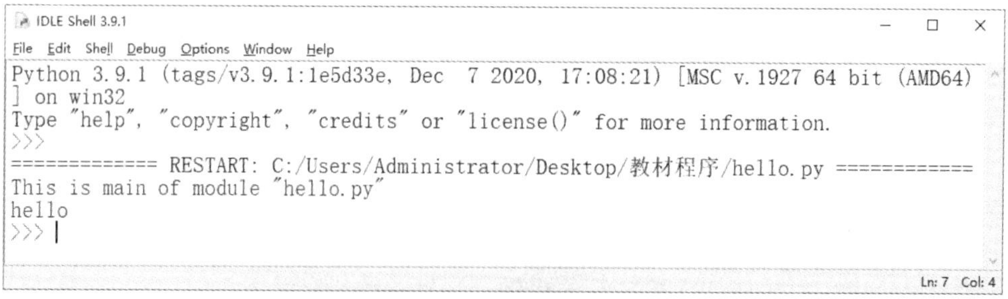

```
IDLE Shell 3.9.1                                                  —   □   ×
File  Edit  Shell  Debug  Options  Window  Help
Python 3.9.1 (tags/v3.9.1:1e5d33e, Dec  7 2020, 17:08:21) [MSC v.1927 64 bit (AMD64)
] on win32
Type "help", "copyright", "credits" or "license()" for more information.
>>>
============== RESTART: C:/Users/Administrator/Desktop/教材程序/hello.py ============
This is main of module "hello.py"
hello
>>>
                                                                    Ln: 7  Col: 4
```

图 1.16　模块直接执行

当该模块 hello（不加后缀.py）被引入使用时，其__name__属性的值将是模块的名字。比如在 Python shell 中 import hello 后，查看 hello.__name__，显示结果如图 1.17 所示。

```
IDLE Shell 3.9.1                                                    —    □    ×
File  Edit  Shell  Debug  Options  Window  Help
Type "help", "copyright", "credits" or "license()" for more information.
>>>
============= RESTART: C:/Users/Administrator/Desktop/教材程序/hello.py ============
This is main of module "hello.py"
hello
>>> import hello
>>> hello.__name__
'hello'
>>>
                                                                   Ln: 10  Col: 4
```

图 1.17　查看__name__属性

通过__name__属性，Python 就可以分清楚模块是直接执行的还是被导入后执行的。

1.4.2　包

Python 中的包（Package）就是一个目录，里面存放了 .py 文件，外加一个__init__.py 文件。包一般用来管理和分类模块，通过目录组织众多的模块。在每一个包目录下，都应该有一个__init__.py 文件，若这个文件不存在，那么这个目录就是一个普通目录，而不是一个包。__init__.py 文件可以是空文件，也可以有 Python 代码，如在包中提升导入权限，添加__all__变量列出需要导入的模块等，代码应尽量精简。如把上节中 mod 模块放在 Mod 目录中，并添加空的__init__.py 文件，则模块导入方法与调用模块中的函数变为：

```
>>>import Mod.mod
>>>Mod.mod. sum(1,2,3)  #14
```

引入模块和包以后，同名函数可以放在不同的模块中，同名模块也可以放在不同的包中，而不会引起名称冲突。例如，在 NumPy 和 Math 模块中有相同的数学函数 numpy.sin(10)、math.sin(10)，随机数模块也包含在不同的包中。一般情况下，优先选择 Python 自带的包及模块。

Python 中的库（Library）借用其他编程语言的概念，没有特别具体的定义，而强调其功能性，具有某些功能的模块和包都可以称作库。Python 的流行主要依赖于其众多功能强大的库，Python 库分为标准库和扩展库。标准库由系统自带，可以满足基本的计算需求。扩展库一般由第三方提供，进一步丰富和扩展了功能。

 练习题

一、选择题

1. 下面哪些属于 Python 语言的特点？（　　　　）

　　A.　跨平台　　　　B.　开源　　　　　C.　解释执行　　　　D.　支持函数式编程

2. 下面能够支持 Python 开发的环境有哪些？（　　　）

    A. IDLE　　　　　　B. Anaconda3　　C. PyCharm　　　　D. Eclipse

3. 下面哪些是正确的 Python 标准库对象导入方式？（　　　）

    A. import math.sin　　　　　　　　B. from math import sin

    C. import math.*　　　　　　　　　D. from math import *

4. Python 源程序执行的方式是（　　　）。

    A. 编译执行　　　B. 解释执行　　　C. 直接执行　　　　D. 边编译边执行

5. Python 语言语句块的标记是（　　　）。

    A. 分号　　　　　B. 逗号　　　　　C. 缩进位　　　　　D. /

6. Python 程序文件的扩展名是（　　　）。

    A. python　　　　B. py　　　　　　C. pt　　　　　　　D. pyt

7. Python 语言采用严格的"缩进"来表明程序的格式框架。下列说法不正确的是（　　　）。

    A. 缩进指每一行代码开始前的空白区域，用来表示代码之间的包含和层次关系。

    B. 代码编写中，缩进可以用 Tab 键实现，也可以用多个空格实现，但两者不能混用。

    C. "缩进"有利于程序代码的可读性，并不影响程序结构。

    D. 不需要缩进的代码顶行编写，不留空白。

8. 以下叙述正确的是（　　　）。

    A. Python 3.x 和 Python 2.x 兼容

    B. Python 语言只能以程序方式执行

    C. Python 是解释型语言

    D. Python 语言出现得晚，具有其他高级语言的所有优点

9. Python 语言中的模块指的是（　　　）。

    A. .py 文件　　　　B. 普通文件　　　C. __init__.py 文件　D. 文件夹

10. Python 语言中的包指的是（　　　）。

    A. .py 文件　　　　　　　　　　　B. __init__.py 文件

    C. 文件夹　　　　　　　　　　　　D. 包含__init__.py 的文件夹

二、判断题

1. （　　）Python 是一种跨平台、开源、免费的高级动态编程语言。

2. （　　）Python 3.x 完全兼容 Python 2.x。

3. （　　）在 Windows 平台上编写的 Python 程序无法在 Unix 平台上运行。

4. （　　）不可以在同一台计算机上安装多个 Python 版本。

5. （　　）Python 代码的注释只有一种方式，那就是使用#符号。

6. （　　）如果只需要 math 模块中的 sin()函数，建议使用 from math import sin 来导入，而不要使用 import math 导入整个模块。

7. （　　）执行语句 from math import sin 之后，可以直接使用 sin() 函数，例如 sin(100)。

8. （　　）尽管可以使用 import 语句一次导入任意多个标准库或扩展库，但是仍建议每次只导入一个标准库或扩展库。

9. （　　）Python 库可以是模块，也可以是包。

10. （　　）包一般用来管理和分类模块，同名模块可以在不同的包中。

三、填空题

1. Python 安装扩展库常用的工具是_____和 Conda，其中后者需要安装 Python 集成开发环境 Anaconda3 之后才可以使用，而前者是 Python 官方推荐和标配的。

2. Python 程序文件扩展名主要有_____和_____两种，其中后者常用于 GUI 程序。

3. Python 源代码程序伪编译后的文件扩展名为_____。

4. 使用 pip 工具在线安装 Excel 文件操作扩展库 openpyxl 的完整命令是_____。

四、实践操作题

1. 到 Python 官方网站下载并安装 Python 解释器环境。

2. 编写一个简单模块，模块名称为 hello，试直接运行和导入模块后运行。

```
def sayHello():
    print("hello")
```

第 2 章 Python 科学计算基础

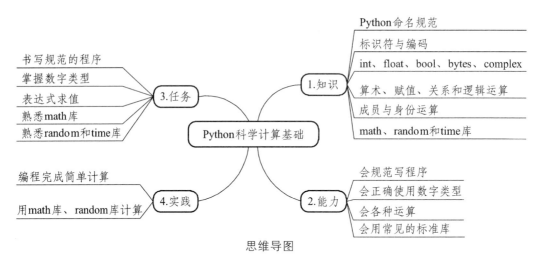

思维导图

科学计算是指利用计算机再现、预测和发现客观世界运动规律及演化特征的全过程。科学计算是为解决科学和工程中的数学问题利用计算机进行的数值计算。为了自动完成计算任务，需借助计算机语言编写程序并执行自动计算。

2.1 Python 标识符与编码

2.1.1 标识符

标识符由字母、下划线和数字组成，且不能是以数字开头的符号串。标识符不可以和关键字同名，它是开发人员在程序中自定义的一些符号和名称，如变量名、函数名等必须符合标识符的规定，下列符号串都是合法的标识符。

UserID	mode12
name	user_age

思考：下面哪些是标识符，为什么？

fromNo12	My_tExt
from#12	_test
my_Boolean	test!32
my-Boolean	haha(da)tt
Obj2	int
2ndObj	jack_rose
myInt	jack&rose
Mike2jack	G.U.I

Python 中的标识符是区分大小写的，如 s 和 S，name 和 Name 等。

2.1.2 命名规范

1. 见名知意

为了提高程序的可读性，取一个有意义的名字很重要，应尽量做到一看就知道什么意思。例如表示名字就用标识符 name，表示学生用标识符 student 等。

2. 驼峰命名法

驼峰命名法可分为小驼峰命名法（lower camel case）和大驼峰命名法（upper camel case）。小驼峰命名法的第一个单词以小写字母开始，第二个单词的首字母大写，例如：myName、aDog。大驼峰命名法的每一个单词的首字母都采用大写字母，例如：FirstName、LastName。

3. 下划线表示法

标识符中所有单词中间用下划线"_"分隔开，例如 my_name、your_Family 等。

使用哪种变量命名方法，并没有统一的规定，但是一旦选择好一种命名方式，在后续的程序编写过程中保持一致的风格即可。

2.1.3 关键字

Python 中的关键字就是一些具有特殊功能的标识符，是 Python 已经使用了而不允许程序开发者定义的与其相同的名字。可以通过命令 keyword.kwlist 查看当前系统中的关键字，如图 2.1 所示。

```
IDLE Shell 3.9.6                                          —  □  ×
File Edit Shell Debug Options Window Help
Python 3.9.6 (tags/v3.9.6:db3ff76, Jun 28 2021, 15:26:21) [MSC v.1929 64 bit (AMD6
4)] on win32
Type "help", "copyright", "credits" or "license()" for more information.
>>> import keyword
>>> keyword.kwlist
['False', 'None', 'True', '__peg_parser__', 'and', 'as', 'assert', 'async', 'await
', 'break', 'class', 'continue', 'def', 'del', 'elif', 'else', 'except', 'finally'
, 'for', 'from', 'global', 'if', 'import', 'in', 'is', 'lambda', 'nonlocal', 'not'
, 'or', 'pass', 'raise', 'return', 'try', 'while', 'with', 'yield']
>>>
                                                           Ln: 6  Col: 4
```

图 2.1　Python3.9 关键字

2.1.4 编码

计算机从本质上只能处理二进制中的 0 和 1 数字（1 bit），处理数据时，一般并不是按位来进行处理，而是按照字节（byte，1 byte=8 bits）进行处理。由于人类语言有很多种，需要用不同的编码来表示不同的语言。下面介绍 4 种主要的编码方法。

1. ASCII 编码

ASCII（American Standard Code for Information Interchange）是美国信息交换标准码。计

算机最先是由美国科学家发明的，最初的编码只考虑英文情况，包括英文字母（大小写）、数字、标点符号和特殊符号等。将这些字母与符号给予固定的编号，然后转变为二进制表示，计算机就能够正确处理这些符号，用一个字节表示一个 ASCII 码，共有 256 种符号。

2. GB2312 与 GBK

由于一个字节的 ASCII 码无法表示汉字存储的需求，中国国家标准委员会发布了一系列汉字字符集国家标准编码，称为国标（GB）码，其中最有影响的 GB 2312—1980 收录了 6 000 多个汉字，使用非常普遍，包括新加坡等地也采用此编码。几乎所有的中文系统和国际化的软件都支持 GB 2312。GBK 是另一个汉字编码标准（K 表示扩展），可表示 2 万多个汉字和图形符号。

3. Unicode 标准码

对 ASCII 码进行扩充可以表示中文，其他非中文国家也存在同样的问题，如日本、韩国等。为了简化不同编码之间的转换，需要一套统一的编码格式，称为统一码或万国码 Unicode（Universal Multiple-Octet Coded Character Set）。它为每种语言中的每个字符设定了统一并且唯一的二进制编码，以满足跨语言、跨平台进行文本转换和处理的需求。这样不管使用何种语言，在 Unicode 编码中都有收录，且对应唯一的二进制编码。

4. UTF-8 编码

Unicode 兼容所有已知的语言和文字，表示像中文之类的文字合适，但英文编码短，就不太合适了。如汉字"中"字，用 Unicode 编码两个字节就可以这样表示：01001110 00101101；对于大写字母 A，用二进制表示为 0100 0001，而用 Unicode 的话，就必须用 0 来补足多出来的一个字节，即表示为 00000000 01000001，这样太浪费空间，特别是在网络上进行传输时，这种浪费明显，大大降低了传输效率。为了解决此问题，就出现了通用转换格式，即 UTF（Unicode Transformation Format，统一码转换格式）。最常用的 UTF-8 就是这些转换格式中的一种。UTF-8 编码是一种可"变长"的编码格式，即把英文字符变长为 1 个字节，而汉字用 3 个字节表示，特别生僻的还会变成 4 ~ 6 个字节。如果是传输或存储大量英文的话，UTF 编码格式优势非常明显。UTF-8 是 Unicode 的实现方式之一。

Python3 中指定编码用 encode()方法，解码用 decode()方法。字符串类型的对象都是 Unicode，因此对于字符串类型的对象只有 encode()方法，没有 decode()方法（若运行，会报错），字节对象可以进行解码，从而得到真正的内容。

例 2.1 对字符串'中国'分别编码为 utf-8 和 gbk 类型，显示内容并解码成原来内容。

```
a = '中国'    # a 是 unicode 类型
b = a.encode('utf-8')   # b 是 utf-8 类型
c = a.encode('gbk')   #c 是 gbk 类型
print (a,b,c)   #中国  b'\xe4\xb8\xad\xe5\x9b\xbd' b'\xd6\xd0\xb9\xfa'
print (type(a),type(b),type(c))   #<class 'str'> <class 'bytes'> <class 'bytes'>
d=b.decode('utf-8')
e=c.decode('gbk')
print(d,e)   #中国  中国
```

2.2 Python 数字类型

计算机处理的对象是数据，而数据是以某种特定的形式存在的，不同的类型可能占据不同的内存单元，执行不同的操作。Python 中有 6 个标准的数据类型，分别是 Number（数字）、Str（字符串）、List（列表）、Tuple（元组）、Set（集合）、Dict（字典）。本节主要介绍数字类型，其他类型将在第 4 章介绍。

2.2.1 数字变量

数字变量类型包含整型（int）、浮点型（float）、布尔型（bool）、字节型（bytes）和复数（complex）类型，下面分别进行介绍。

1. 整型（int）

整型通常用来表示整数，包含正整数和负整数，不带小数点，没有大小限制。由于机器内存的限制，整数不能无限大。整型有四种表示形式，分别是：

① 二进制：以 0b 开头，如 0b11011 表示 10 进制的 27。

② 八进制：以 0o 开头，如 0o33 表示 10 进制的 27。

③ 十进制：通常数学上的写法，如 100、99 等。

④ 十六进制：以 0x 开头，如 0x1b 表示 10 进制的 27。

2. 浮点型（float）

浮点型（float）由整数部分与小数部分组成。浮点型也可以使用科学计数法表示（如 $2.7e2 = 2.7 \times 10^2 = 270$），又如：0.0、25.2、-2.9、-33.5e-10、12e+15 等都是浮点型。

3. 布尔型（bool）

布尔型（bool）其值或为真 True，或为假 False（注意 True、False 首字母大写）。在 Python 3 中，True 用 1 表示，False 用 0 表示，可以和数字型进行运算，如 True+2 值是 3，False-2 的值就是-2。

4. 字节型（bytes）

字节型（bytes）是 Python 3 的新增类型，以字节序列（二进制形式）存储数据。也就是说，bytes 只简单地记录内存中的原始数据。bytes 类型常用来存储图片、音频、视频等二进制格式的文件，网络通信中也常用 bytes 类型数据。

表示字节类型的对象需加上字母 b，如 b"Hello World"、b'\xe6' 和 b"\x01\x02\x03"等都表示字节型数据。

5. 复数（complex）类型

复数（complex）由实数部分和虚数部分构成，可以用 a+bj 或 complex(a,b)表示，如 8+3.15j、4.23e-3+5j 和 complex(3,4)等都表示复数。复数的实部 a 和虚部 b 都是浮点型，如平面场、波动、电感、电容等科学计算问题常常用到复数类型。

查看数据的类型用内置函数 type()，如：

```
print(type(123))       #结果为：<class 'int'>
```

```
print(type(1.12))      #结果为：<class 'float'>
print(type(3j + 1))    #结果为：<class 'complex'>
print(type(b'123'))    #结果为：<class 'bytes'>
print(type(True))      #结果为：<class 'bool'>
```

2.2.2 数字常量

Python 中一切都是对象，有的是值不变的常量对象（简称常量），如 5、9、9.0、math.pi（圆周率）、math.e（自然常数）等；有的是值可以修改的变量对象（简称变量），如字母 a、b、c、x、y、ax 等。可以把常量或变量赋值给一个变量，但不能把一个变量赋值给一个常量，如：

```
a = 5    # OK! 把一个把整型常量 5 赋值给变量 a，也可以修改 a=6。
5 = a    # error! 等号不是表示两边相等，而是把右边的对象值给左边的变量。
b = 2    # b 是一个整型对象。
c = a/b  # c=2.5，是一个 int/int→float（实数）对象，也就是浮点型对象。
d = b/a  # d=0.4 是一个浮点型对象。
```

注意：

（1）2 是整型对象，2.0 是浮点型对象。

（2）=称为赋值运算符，左边只能是变量，右边可以是常量、变量及其表达式等。

2.3 运算符

Python 中的运算符主要分为算术运算符、赋值运算符、关系运算符、逻辑运算符、位运算符、成员与身份运算符，运算符之间有优先级。

2.3.1 算术运算符

算术运算符主要用于对象的计算（如加减乘除等），如表 2.1 所示。

表 2.1　算术运算符

运算符	描　述	示例（a=1, b=2）
+	相加运算	a + b 输出结果 3
-	取负或相减运算	a - b 输出结果 -1
*	相乘或重复运算	a * b 输出结果 2
/	相除运算	b / a 输出结果 2
//	整除运算	9//2 输出结果 4，9.0//2.0 输出结果 4.0
%	取余运算	b % a 输出结果 0
**	幂运算	a**b 为 1 的 2 次方，输出结果 1

2.3.2 赋值运算符

赋值运算符用于对象的赋值，将运算符右边的表达式（或计算结果）赋给运算符左边的变量。为了书写简单，赋值运算符和算术运算符结合一起就是复合运算符，如表 2.2 所示。

表 2.2　赋值运算符

运算符	描　述	示　例
=	赋值	num=1+2*3 结果 num 的值为 7
+=	加法赋值	c += a 等效于 c = c + a
-=	减法赋值	c -= a 等效于 c = c - a
*=	乘法赋值	c *= a 等效于 c = c * a
/=	除法赋值	c /= a 等效于 c = c / a
%=	取模赋值	c %= a 等效于 c = c % a
**=	幂赋值	c **= a 等效于 c = c ** a
//=	取整除赋值	c //= a 等效于 c = c // a

Python 允许同时指定一个值给几个变量，如：a = b = c = 3；也可以同时分别给不同变量赋值，如：a, b, c = 1, 2, "john"。

例 2.2　已知垂直上抛铁球高度计算公式：$y(t) = v_0 t - \dfrac{1}{2} g t^2$。其中，$y$ 为高度 t 的函数；v_0 为初速度；g 为重力加速度。要求：给定 t、v_0、g，计算 y，程序如下：

```
v0 = 3; g = 9.81; t = 0.6  #输入
y = v0*t-0.5*g*t*t  #计算
print('y:', y)  # 输出 y: 0.034199999999999786
```

2.3.3　关系运算符

关系运算符是用来比较两个表达式的值的大小，Python 中的关系运算符有 >、<、>=、<=、==、!=，如表 2.3 所示。

表 2.3　关系运算符

运算符	描　述	示　例	结果
==	检查两个操作数的值是否相等，如果是，则条件变为真	如 a=3,b=3,则（a == b）	True
!=	检查两个操作数的值是否相等，如果值不相等，则条件变为真	如 a=1,b=3,则(a != b)	True
>	检查左操作数的值是否大于右操作数的值，如果是，则条件成立	如 a=7,b=3,则(a > b)	True
<	检查左操作数的值是否小于右操作数的值，如果是，则条件成立	如 a=7,b=3,则(a < b)	False
>=	检查左操作数的值是否大于或等于右操作数的值，如果是，则条件成立	如 a=3,b=3,则(a >= b)	True
<=	检查左操作数的值是否小于或等于右操作数的值，如果是，则条件成立	如 a=3,b=3,则(a <= b)	True

类似数学表达式，关系运算符可以连着使用，如：3>2>1 相当于 3>2 and 2>1，结果为 True；4<5>3 相当于 4<5 and 5>3，结果为 True。

2.3.4 逻辑运算符

Python 中的逻辑运算符有 and、or 和 not，分别表示逻辑与、逻辑或和逻辑非。对于 and 而言，两侧的表达式都等于 True 时，整个表达式才等价于 True；对于 or 而言，只要两侧的表达式中有一个等于 True，整个表达式就等价于 True；对于 not 而言，如果后面的表达式等于 False，整个表达式就等于 True。逻辑运算符 and 和 or 具有短路求值或惰性求值的特点，可能不会对所有表达式进行求值，而只对必须计算的表达式求值，如表 2.4 所示。

表 2.4 逻辑运算符

运算符	表达式	求值特点
and	x and y	如果 x 为 False，x and y 返回 False，否则它返回 y 的计算值
or	x or y	如果 x 是 True，它返回 True，否则它返回 y 的计算值
not	not x	如果 x 为 True，返回 False；如果 x 为 False，它返回 True

举例如下：

```
print(3 or 2)    # 结果是 3
print(0 or 100)  # 结果是 100
print(1 and 2)   # 结果是 2
print(3 and 0)   # 结果是 0
print(0 and 2)   # 结果是 0
print(3 and 2)   # 结果是 2
print(1 > 2 and 3 or 4 and 3 < 2 or not 4 > 5)   # 结果是 True
```

2.3.5 成员与身份运算符

在 Python 中，一个变量有 id、type 和 value 三种属性，id 代表该变量在内存中的地址；type 代表该变量的类型；value 代表该变量的值，如：

```
a = 100
print(id(a))   #输出 a 的 id
print(type(a)) # 输出 a 的类型
print(a)   # 输出 a 的值
```

Python 里有成员运算符，可以判断一个元素是否在某一个序列中，序列可以是字符串、元组、列表、字典和集合。语法格式是：obj [not] in sequence，返回值是 True 或 False，如表 2.5 所示。

表 2.5 成员运算符

运算符	描述	示例
in	如果在指定的序列中找到值返回 True，否则返回 False	x in y，x 在 y 序列中，返回 True
not in	如果在指定的序列中没有找到值返回 True，否则返回 False	x not y，x 不在 y 序列中，返回 True

Python 支持对象本身的比较，即比较两个对象是否是同一个对象，判断的标准是计算对

象的 id 值，比较的语法是：obj1 is [not] obj2，而之前比较运算符中的 == 则是用来比较两个对象的值是否相等，如表 2.6 所示。

表 2.6　身份运算符

运算符	描　　述	示　　例
is	is 是判断两个标识符是不是引用同一个对象	x is y，如果 id(x) 等于 id(y)，返回 True
is not	is not 是判断两个标识符是不是引用不同对象	x is not y，如果 id(x) 不等于 id(y)，返回 True

```
str1 = " China is a great country!"
print("China" in str1)     # True
set1 = {'小米','华为','oppo','vivo'}

print("apple" not in str1)      # True
list1 = ['聂海胜','刘伯明','汤洪波']

print('汤洪波' in list1)   # True


list2 = [1,2,3]
list3 = [1,2,3]
print("list1 和 list2 是否同一个对象：",list2 is list3)   # False
print("list1 和 list2 的值是否相等：",list2 == list3)   # True
```

2.4　常用标准库

前面已看到 Python 具有最基本的数学计算功能，但这些基本的计算功能远远不能满足科学计算的需要，扩充计算功能需要其他库的支持。本节将介绍几个常用的标准库，分别是数学（math）库、随机数（random）库和时间（time）库。

2.4.1　math 库

为方便数学计算，Python 提供了标准数学库——math 库。使用前需导入（import math），但 math 库不支持复数类型（支持复数的是 cmath 库），仅支持整数和浮点数运算。在 Python3.9 中，math 库提供了 4 个数学常数和 50 多个函数，常用的如下：

1. 数学常数

math.e   #自然常数 e

math.pi   #圆周率 pi

math.inf   #无穷大，负无穷大为 -math.inf

math.nan   #非浮点数，nan（not a number）

2. 三角函数

math.sin(x)、math.cos(x)、math.tan(x)、math.asin(x)、math.acos(x)、math.atan(x)。

3. 角度和弧度互换

math.degrees(x)：将角度 x 从弧度转换为度数；math.radians(x)：将角度 x 从度数转换为弧度。

4. 双曲函数

math.sinh(x)、math.cosh(x)、math.tanh(x)、math.asinh(x)、math.acosh(x)、math.atanh(x)。

5. 其他常用函数

其他常用函数如表 2.7 所示。

表 2.7　常用数学类函数

函数	作　用	示　例
fabs(a)	取绝对值	abs(-2.123)　#2.123
ceil(x)	对 x 向上取整	ceil(1.2)　#2
floor(x)	对 x 向下取整	Floor(1.2)　# 1
log(x[,base])	对数，默认基底为 e。可以修改 base	log(100,10)　# 2
sqrt(x)	平方根	sqrt(9)　#3.0
divmod(a,b)	取商和余数	divmod(5,2)　# (2,1)
pow(a,b)	取乘方数	pow(2,3)　# 8
round(a,b)	取指定位数的小数，a 代表浮点数，b 代表要保留的位数	round(3.1415926,2)　#3.14

例 2.3　圆的半径为 3，根据面积公式 $S = \pi r^2$ 计算面积。

其中：r 为圆的半径；S 为圆的面积。在此公式中，输入是半径 r，输出是面积 S，这两个对象的值可以变化，是变量，而 π 是常量，包含在 math 库中，用 math.pi 表示。因此，这个公式在 Python 中这样表示：

```
S=math.pi*r*r   #需要先导入标准库 math。
```

代码如下：

```
import math
r=3
S=math.pi*r*r
print(S)
```

print(S)表示输出 S 的值，运行结果如图 2.2 所示。

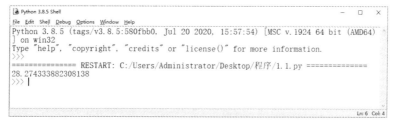

图 2.2　运行结果

例 2.4　编写程序，已知 $x=1.8$，使用 math 库计算 $y = \sin x \cos x + 4\ln x$。

```
from math import sin, cos, log
x = 1.8
y = sin(x)*cos(x) + 4*log(x)    # log 是以 e 为底的对数
print(y)
```

一般情况下每行程序写一条语句，也可以把多条语句写在一行上，中间需要用分号隔开，如：

```
a = 3; b = 4; c = a + b; print(c)
```

下面的代码等价：

```
v1=8    #紧凑格式
v2 = 8    #等号两边空格
v3= 8    #等号右边空格
v4 =3    #等号左边空格
```

例 2.5 已知 x=2π，使用 3 种方法计算双曲正弦函数公式 $\sinh(x) = \dfrac{e^x - e^{-x}}{2}$。

3 种方法分别使用 math.sinh、math.exp 和**直接计算，程序如下：

```
from math import sinh, exp, e, pi
x = 2*pi    #初始化
r1 = sinh(x)    #方法一
r2 = 0.5*(exp(x) - exp(-x))    #方法二
r3 = 0.5*(e**x - e**(-x))    #方法三
print('%.16f %.16f %.16f' % (r1,r2,r3))
```

2.4.2　random 库

随机数在科学计算中常用，Python 提供随机数标准库 random。Python 3.9 有 20 多个随机函数，常用的有 seed()、random()、randint()、randrange()、choice()、shuffle() 和 sample() 等几个，分别介绍如下：

1. random.seed(a)

其作用是设置初始化随机数种子，a 是随机数种子，可以是整数或浮点数。用 random 库产生随机数不一定要设置随机数种子，如果不设置，则 random 库默认以系统时间当作随机数种子。设置种子的好处是可以重复再现相同的随机数序列。

2. random.random()

其作用是生成一个[0.0,1.0)之间的随机小数。

3. random.randint(a,b)

其作用是生成一个[a,b]之间的随机整数，参数 a 表示随机区间的开始值，参数 b 表示随机区间的结束值，随机数包含结束值。

4. random.randrange(start,stop[,step])

其作用是生成一个[start,stop)之间以 step 为步长的随机整数，参数 start 表示随机区间的开始值，参数 stop 表示随机区间的结束值，随机数包含结束值，参数 step 表示随机区间的步长值，为整数。步长值可选，默认步长为 1。

5. random.choice(seq)

其作用是从序列类型（如列表）seq 中随机返回一个元素，参数 seq 表示序列类型。

6. random.shuffle(seq)

其作用是将序列类型 seq 中的元素随机排列，返回打乱后的序列，参数 seq 表示序列类型，调用该函数后，序列类型变量 seq 将被改变。

7. random.sample(seq , n)

其作用是从序列 seq 中选择 n 个随机元素，也就是说从指定的序列 seq 中随机地截取指定长度 n 的片段，而不作原地修改。

例 2.6 利用 random 库常用随机函数生成一些随机数。

```
import random
x = random.random()    #random()随机生成一个[0,1)之间的随机数
y = random.random()
print(x,y*10)
m = random.randint(0,10)    #randint()随机生成一个[0,10]之间的整数
print(m)
print(random.randrange(100, 120, 2))    #输出 100 <= number < 120 间的偶数
st1 = random.choice([5,6,7,8,11,22,55])
st2 = random.choice('adadfaifhasui')
print(st1,st2)
sli = random.sample([3,4,5,6,7,66,88],2)
print(sli)    #sample(a,b)随机获取 a 中指定 b 长度的片段
lst = [1,2,4,5,6,9]
random.shuffle(lst)
print(lst)    #shuffle()将一个列表内的元素顺序打乱
```

运行结果如图 2.3 所示。

```
IDLE Shell 3.9.1                                                    —    □    ×
File  Edit  Shell  Debug  Options  Window  Help
Python 3.9.1 (tags/v3.9.1:1e5d33e, Dec  7 2020, 17:08:21) [MSC v.1927 64 bit (AMD64)
] on win32
Type "help", "copyright", "credits" or "license()" for more information.
>>>
============== RESTART: C:/Users/Administrator/Desktop/教材程序/1.1.py ==============
0.8587223805845833 2.9359173679550676
4
100
6 a
[3, 66]
[4, 9, 6, 1, 5, 2]
>>>
                                                                    Ln: 11  Col: 4
```

图 2.3　random 库用法

2.4.3　time 库

time 库是 Python 中处理时间的标准库，提供获取系统时间并格式化输出，编写与时间有

关的程序，提供系统级精确计时。分析程序性能等功能时需要用到 time 库。

1. time()函数

time()函数的语法为 time.time()，用于返回当前时间的时间戳（从 1970 年 1 月 1 日 00 时 00 分 00 秒到现在的浮点秒数）。

2. localtime([secs])函数

localtime()函数的语法为 time.localtime([secs])，其作用是格式化时间戳为本地时间（struct_time 类型）。如果 secs 参数未传入，就以当前时间为转换标准。

3. asctime([t])与 ctime()函数

asctime() 函数的语法为 time.asctime([t])，用于接收一个时间元组并返回一个可读的 24 个字符的字符串，如"Sat Sep 26 16:05:50 2020"（2020 年 9 月 26 日周六 16 时 05 分 50 秒）。如果参数未传入，就以当前时间元组为转换标准。

ctime([secs]) 函数接收一个时间秒数并返回一个可读的字符串，其作用相当于 asctime(localtime(secs))，未给参数相当于 asctime()。

下面程序以不同的形式显示同一时间。

```
import time
print(time.time())
print(time.localtime( ))   # 等价于 time.localtime( time.time() )
print(time.asctime())   # 等价于 time.asctime( time.localtime(time.time()))
print(time.ctime())     # 等价于 time.asctime()
```

显示结果如图 2.4 所示。

```
IDLE Shell 3.9.6                                          —  □  ×
File Edit Shell Debug Options Window Help
Python 3.9.6 (tags/v3.9.6:db3ff76, Jun 28 2021, 15:26:21) [MSC v.1929 64 bit (AMD64)
] on win32
Type "help", "copyright", "credits" or "license()" for more information.
>>>
============= RESTART: C:/Users/Administrator/Desktop/教材程序/time.py =============
1627538386.9799588
time.struct_time(tm_year=2021, tm_mon=7, tm_mday=29, tm_hour=13, tm_min=59, tm_sec=4
6, tm_wday=3, tm_yday=210, tm_isdst=0)
Thu Jul 29 13:59:46 2021
Thu Jul 29 13:59:46 2021
>>>
                                                          Ln: 9  Col: 4
```

图 2.4　time 库用法

4. sleep()函数

sleep()函数表示暂停时间，语法格式为 time.sleep(seconds)，参数 seconds 表示暂停的秒数。如下面程序实现了倒计时。

```
import time
n=int(input("请输入倒计时秒数："))
for t in range(n,0,-1):
    print(t)
    time.sleep(1)
```

```
print("时间到！")
```

例 2.7　利用 time 库中的函数，每隔 5 秒显示一下系统时间，共显示 6 次。

```
import time
for count in range(6):
    print(time.ctime())
    time.sleep(5)
```

练习题

一、选择题

1. 下列哪个语句在 Python 中是非法的？（　　　）

    A．x = y = z = 1　　　　　　　　　　B．x = (y = z + 1)

    C．x, y = y, x　　　　　　　　　　　　D．x += y

2. 代码 print('\'\\n\'\n')的执行结果是（　　　）。

    A．'\n'　　　　　　B．'\\n\'　　　　　C．'\'\\n\'\n'　　　　D．报错

3. 表达式 divmod(20,3) 的结果是（　　　）。

    A．6, 2　　　　　B．6　　　　　　　C．2　　　　　　　D．(6, 2)

4. 以下不是程序输出结果的选项是（　　　）。

```
import random as r
ls1 = [12,34,56,78]
r.shuffle(ls1)
print(ls1)
```

    A．[12, 78, 56, 34]　　　　　　　　　B．[56, 12, 78, 34]

    C．[12, 34, 56, 78]　　　　　　　　　D．[12, 78, 34, 56]

5. random 库中用于生成随机小数的函数是（　　　）。

    A．random()　　　　B．randint()　　　　C．getrandbits()　　　　D．randrange()

6. 关于 Python 内存管理，下列说法错误的是（　　　）。

    A．变量不必事先声明　　　　　　　　B．变量无须先创建和赋值而直接使用

    C．变量无须指定类型　　　　　　　　D．可以使用 del 释放资源

7. 下列哪种说法是错误的？（　　　）

    A．除字典类型外，所有标准对象均可以用于布尔测试

    B．空字符串的布尔值是 False

    C．空列表对象的布尔值是 False

    D．值为 0 的任何数字对象的布尔值是 False

8. 整型变量 x 中存放了一个两位数，将这个两位数的个位数字和十位数字交换位置，例如，12 变成 21，正确的 Python 表达式是（　　　）。

    A．（x%10）*10+x//10　　　　　　　B．(x%10)//10+x//10

C. (x/10)%10+x//10   D. (x%10)*10+x%10

9. "ab" + "c" *2 的结果是（   ）。

     A. abc2   B. abcabc   C. abcc   D. ababcc

10. 以下会出现错误的是（   ）。

     A. '武汉'.encode()   B. '武汉'.decode()

     C. '武汉'.encode().decode()   D. '武汉'.encode('utf8')

二、判断题

1. （   ）在 Python 3.x 中可以使用中文作为变量名。

2. （   ）Python 变量名必须以字母或下划线开头，并且区分字母的大小写。

3. （   ）x = 9999**9999 这样的语句在 Python 中无法运行，因为数字太大了，超出了整型变量的表示范围。

4. （   ）0o12f 是合法的八进制数字。

5. （   ）只有 Python 扩展库才需要导入以后使用的对象，Python 标准库不需要导入即可使用其中的所有对象。

6. （   ）Python 使用缩进来体现代码之间的逻辑关系，对缩进的要求非常严格。

7. （   ）放在一对三引号之间的任何内容将被认为是注释。

8. （   ）为了让代码更加紧凑，编写 Python 程序时应尽量避免加入空格和空行。

9. （   ）在 Python 3.5 中运算符+不仅可以实现数值的相加、字符串连接，还可以实现列表、元组的连接和集合的并集运算。

三、填空题

1. 表达式 13 / 4 的值为_____。

2. 表达式 13 // 4 的值为_____。

3. 表达式-13 // 4 的值为_____。

4. 表达式 3 ** 2 的值为_____。

5. 表达式 16 ** 0.5 的值为_____。

6. 表达式 type({3:3})的值为_____。

7. 表达式 8 ** (1/3)的值为_____。

8. Python 标准库 random 中的_____函数的作用是从序列中随机选择 1 个元素。

9. Python 标准库 random 中的 sample(seq, k)函数的作用是从序列中选择_____（重复、不重复？）的 k 个元素。

10. random 模块中_____函数的作用是将列表中的元素随机乱序。

四、实践操作题

1. 编程计算，已知垂直上抛铁球高度计算公式：$y(t) = v_0 t - \frac{1}{2} gt^2$。其中，$y$ 为高度 t 的函数；v_0 为初速度，即 t 为 0 时的速度；g 为重力加速度。要求：给定 t、v_0、g，计算 y。

程序改进：利用键盘输入数据。

2. 输入三角形三边，分别为 a,b,c，编写程序求 a 和 b 之间的夹角 C（角度值），保留 2 位小数。

3. 随机产生 3 个两位的正整数，输出这 3 个随机数及其平均值。

第 3 章 Python 计算结构

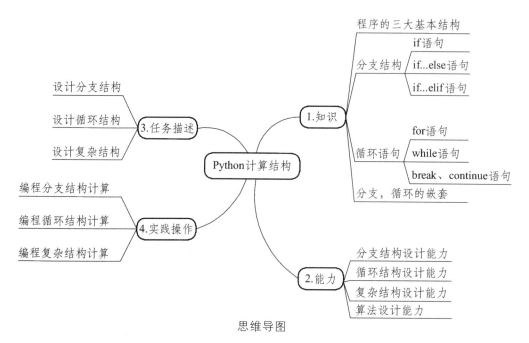

思维导图

程序是一系列命令的集合，一般情况下计算机按照自上而下的顺序一条条地执行这些命令。有时候需要根据条件有选择地执行一些语句和不执行一些语句，有时候有条件地重复执行一些语句。表示复杂的事务逻辑只需 3 种基本计算结构，即顺序结构、分支结构和循环结构，如图 3.1 所示。顺序结构很好理解，程序自上而下执行。分支结构就是根据条件判断后决定是否执行。循环结构就是根据条件重复执行。

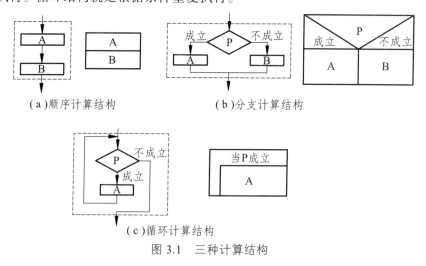

（a）顺序计算结构　　　　（b）分支计算结构

（c）循环计算结构

图 3.1　三种计算结构

3.1 顺序计算

3.1.1 输入函数 input()

input()是 Python 的内置函数，用于从控制台读取用户输入的内容。input() 函数总是以字符串的形式来处理用户输入的内容，所以用户输入的内容可以包含任何字符。其用法分两种，语法格式是：

变量 = input( )

变量 = input("提示信息")

注意：无论用户输入的是什么，都将以字符串的形式返回。如用户输入 100，那么变量接收的不是整型数 100，而是字符串 100，即"100"，如：

name= input("请输入名字:")

print('您刚刚输入的名字是:', name)

运行结果如图 3.2 所示。

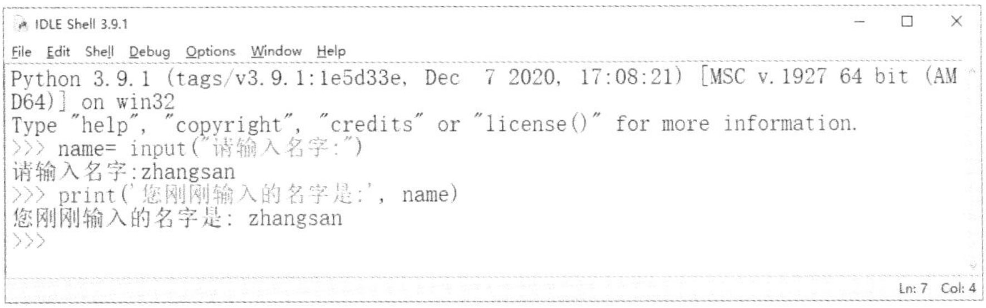

图 3.2　input()用法

如果将用户输入的内容转换成数字，需要用类型转换函数或求值函数 eval()，如：

a = float(input("Enter a number: "))　#等价于 eval(input("Enter a number: "))

b = int(input("Enter another number: "))　#等价于 eval(input("Enter another number: "))

print("aType: ", type(a))

print("bType: ", type(b))

result = a + b

print("resultValue: ", result)

print("resultType: ", type(result))

运行结果如图 3.3 所示。

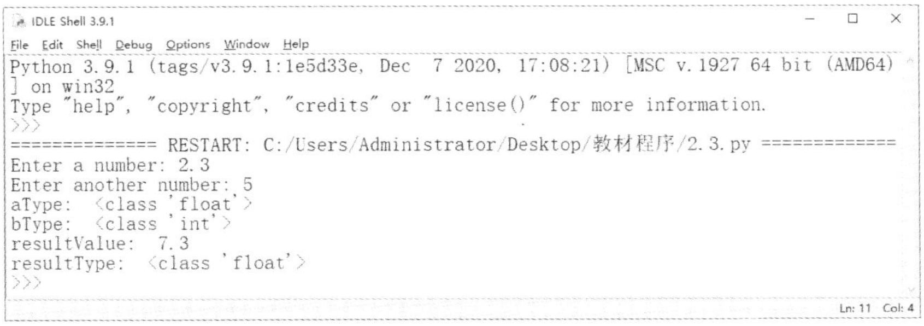

图 3.3　input()用法

3.1.2 求值函数 eval()

eval()函数用来执行一个字符串表达式，并返回表达式的值，同时还可以把字符串转化为 list、tuple、dict 等。eval 函数的语法如下：

$$eval(expression, globals=None, locals=None)$$

参数说明如下：

expression 为必选参数，表达式；globals 表示可选参数，表示全局命名空间（存放全局变量），如果被提供，必须是一个字典对象；locals 表示可选参数，表示当前局部命名空间（存放局部变量），如果被提供，可以是任何映射对象，一般这两个参数只需取默认值 None。

1. 字符串转换成列表

```
a = "[1,2,3,4,5]"   # a 是字符串类型数据
b = eval(a)   # b 是列表类型数据
```

2. 字符串转换成字典

```
a = "{"name":"guo","age":25}"   # a 为字符串类型数据
b = eval(a)   #b 为字典类型数据
```

3. 字符串转换为元组

```
a = "(1,2,3,4,5)"   # a 的数据结构是字符串
b = eval(a)   #b 的数据结构是元组
```

4. eval()返回表达式的值

```
x = 4
eval("5*x")   # 返回值为 20
```

5. 可选参数给表达式提供值

```
x=10
g={'a':4}
eval{"a+1",g}   # 返回值为  5
h={'a':6,'b':8}
t={'b':100,'c':10}
eval('a+b+c',h,t)   # 返回值为 116
```

3.1.3 输出函数 print()

输出函数 print()是 Python 中的内置函数，用于打印输出，是 Python 中最常见的一个函数，该函数的语法如下：

$$print(objects, sep=' ', end='\n', file=sys.stdout)$$

其中：参数 objects 表示输出的对象，输出多个对象时，需要用"，"（逗号）分隔；sep 用来间隔多个对象，默认值是空格字符；end 用来设定以什么结尾，默认值是换行符\n，可以换成其他字符；file 是要写入的文件对象，默认是标准输出设备显示器。

```
print("hello ,world. ")
```

在控制台看到输出的结果如图 3.4 所示。

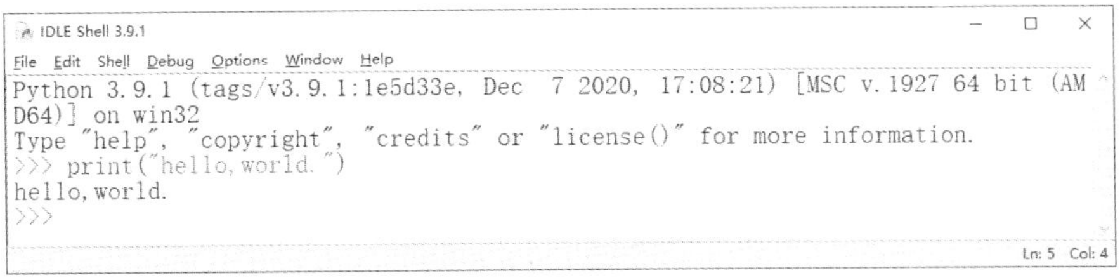

图 3.4　print()用法

1. 格式化输出

格式化输出可以按用户指定的格式显示，如：

```
print(1)  #输出单个数据 1，会自动输出回车换行
print('\n')  #输出换行

for x in range(0, 5):
    print(x, end=' ')  #防止换行，输出 0 1 2 3 4
a=[1,2,3,4,5]
print(a)  #输出整个列表，输出[1, 2, 3, 4, 5]
x=100
print('I Love China %d years' %x)  #格式化输出，输出 I Love China 100 years
PI = 3.141592653
print('%10.3f'%PI)  # 控制宽度和精度输出，字段宽 10 位，精度 3 位输出    3.14
```

在上面程序中，看到了%这样的操作符，这就是 Python 中的格式化输出，又如：

```
age = 18
name = "小明"
print("我的姓名是%s,年龄是%d"%(name,age))
```

常用的格式符号如表 3.1 所示。

表 3.1　格式符号

格式符号	转换对应的类型
%c	字符
%s	通过 str()字符串转换来格式化
%d	有符号十进制整数
%u	无符号十进制整数
%o	八进制整数
%x	十六进制整数（小写字母）
%X	十六进制整数（大写字母）
%e	索引符号（小写'e'）
%E	索引符号（大写"E"）
%f	浮点实数
%g	%f 和%e 的简写
%G	%f 和%E 的简写

2. 转义字符

在 Python 中，\、%和引号等字符有特殊含义，它们不能在 Python 代码中直接使用，需要在字符中使用特殊字符时，Python 用反斜杠（\）表示转义字符，常用的转义字符表如表3.2 所示。

表 3.2　转义符号

转义符号	含　义	示　例	结　果
\newline	输入多行	s = "a\ b\ c" print(s)	abc
\\	反斜杠	print("\\")	\
\'	单引号	print('\'')	'
\"	双引号	print("\"")	"
\b	退格，删除前一个字符	print("ab\b")	a
\f	分页，隔开一页	print("hello\fworld")	hello↑world
\n	换行	print("a\nb")	a b
\t	横向制表符	print("a\tb")	a　　b
\v	纵向制表符	print("a\vb")	a b
\0xx	八进制 xx 代表的字符	print("\043")	#
\xhh	十六进制 hh 代表的字符	print("\x23")	#

在输出的时候，如果有\n，那么\n 后的内容会在另外一行显示：

```
print("1234567890-------") # 会在一行显示
print("1234567890\n-------") # 第一行显示'1234567890'，第二行显示'-------'
```

例 3.1　编写代码完成以下名片的显示。

```
================================
姓名:zhangsan
QQ:88888888
手机号:159xxxxxxx1
公司地址:湖北武汉市 xxxx
================================
```

程序如下：

```
name='zhangsan'
qq=88888888
tel='159xxxxxxx1'
address='湖北武汉市 xxxx'

print('================================')
```

```
print('姓名:%s'%name)
print('QQ:%d'%(qq))
print('手机号:%s'%tel)
print('公司地址:%s'%address)
print('=============================')
```

3.2 分支计算

分支计算是根据给定的条件进行判断,决定执行哪个分支的程序段。条件分支在执行时,有选择地执行部分语句,不可都执行。在 Python 中,进行分支选择,由 if 语句和 if-else 语句来实现。

3.2.1 if 判断语句

if 语句是用来进行条件判断,其使用格式如下:

if 要判断的条件:
　　　　条件成立时,要执行的语句。

下面来看两个例子:

```
age = 20
print("****if 判断开始****")

if age > 18:
    print("已经成年")
print("****if 判断结束****")
```

运行结果:

```
****if 判断开始****
已经成年
****if 判断结束****
```

又如:

```
age = 10
print("****if 判断开始****")

if age > 18:
    print("已经成年")
print("****if 判断结束****")
```

运行结果:

```
****if 判断开始****
****if 判断结束****
```

以上两个例子仅仅是 age 变量的值不一样,结果却不同。if 判断语句的作用就是当满足一定条件时才会执行那块代码,否则就不执行那块代码。代码的缩进为一个 tab 键,或者 4 个空格。

例 3.2 输入学生成绩,输出等级分(ABCDE 等)。

```
score = int(input("请输入成绩: "))
if 90<=score<=100:
    print('A')
if 80 <= score < 90:
    print('B')
if 70 <= score < 80:
    print('C')
if 60 <= score < 70:
    print('D')
if score < 60:
    print('E')
```

3.2.2　if-else 语句

在使用 if 的时候，只能做到满足条件时要做的事情，如需要在不满足条件的时候，做某些事，该怎么办呢？这时候就可以使用 else 了。if-else 的使用格式如下：

```
if 条件:
    满足条件时要做的事情 1
    满足条件时要做的事情 2
    满足条件时要做的事情 3
        ......
else:
    不满足条件时要做的事情 1
    不满足条件时要做的事情 2
    不满足条件时要做的事情 3
        ......
```

例如：

```
age = input("请输入年龄:")
age = int(age)
if age > 18:
    print("已经成年")
else:
    print("未成年")
```

结果 1:

```
请输入年龄:20
已经成年
```

结果 2:

```
请输入年龄:10
未成年
```

例 3.3 输入一个数，判断值是否在 0 ~ 5 或者 10 ~ 20 之间，如是输出 valid，否则输出 invalid。

```
num=int(input("请输入一个数："))
if (num>=0 and num<=5) or (num>=10 and num<= 0):
    print('valid')
else :
    print('invalid')
```

3.2.3 elif 语句

if 能完成当条件真时做某件事情。if-else 能完成当条件真时做事情 1，否则做事情 2。

如果有这样一种情况：当条件 1 真时做事情 1，当条件 2 真时做事情 2，当条件 3 真时做事情 3，那该怎么实现呢？这种情况就需要用到 elif 语句。elif 的使用格式如下：

```
if 条件 1:
    事情 1
elif 条件 2:
    事情 2
elif 条件 3:
    事情 3
```

说明：

◆当条件 1 满足时，执行事情 1，然后整个 if 结束。

◆当条件 1 不满足时，那么判断条件 2，如果条件 2 满足，则执行事情 2，然后整个 if 结束。

◆当条件 1 不满足，条件 2 也不满足时，如果条件 3 满足，则执行事情 3，然后整个 if 结束。

例如：

```
score = int(input("请输入成绩："))
if score>=90 and score<=100:
        print('本次考试，等级为 A')
elif score>=80 and score<90:
        print('本次考试，等级为 B')
elif score>=70 and score<80:
        print('本次考试，等级为 C')
elif score>=60 and score<70:
        print('本次考试，等级为 D')
elif score>=0 and score<60:
        print('本次考试，等级为 E')
```

elif 可以和 else 一起使用，如：

```
if 天气为晴:
    输出晴天做的事情
```

```
        ......
    elif 天气为雨:
        输出雨天做的事情

        ......

    else:
        输出其他天气做的事情

        ......
```

值得注意的是，elif 必须和 if 一起使用，不能单独使用，否则出错。

3.2.4   if 嵌套

通过学习 if 的基本用法，我们已经知道了：

① 当满足条件时做事情需要使用 if。

② 当满足条件时做事情 A，不满足条件时做事情 B 的这种情况使用 if-else。

③ 当需要在多个条件中选择一个时，用 elif。

下面来看看实际生活的另外一种情况：

小明今天买了一张高铁票，在进站时，需要检查车票，然后检查行李。大家注意这里的"然后"，即是说如果没有车票是根本不会检查行李的，这里"检查行李"的操作是必须在"检查车票"成立后才能执行的判断。那么像这种情况，用 Python 如何来解决呢？这里就需要使用 if 嵌套了。if 嵌套的格式如下：

```
    if 条件 1:
        满足条件 1 做的事情
        if 条件 2:
            满足条件 2 做的事情
```

说明：

◆内外层都可以是 if-else 语句。

◆内外层的判断标准是 tab 缩进位。

上面的买车票进站问题可以编程如下：

```python
ticket = 0     #车票，非 0 代表有车票，0 代表没有车票
suitcase = 1   #手提箱，0 代表检查合格，非 0 代表有违禁品

if ticket != 0:
    print("有车票，可以进站")

    if suitcase == 0:
        print("通过安检")
        print("终于可以回家了，美滋滋~~~")

    else:
        print("没有通过安检，手提箱中有违禁品")
        print("警察叔叔！请听我解释...")

else:
    print("没有车票，不能进站")
```

```
    print("就这张票，昨天还能进的！")
```

组合 1：ticket = 1；suitcase=0

有车票，可以进站

通过安检

终于可以回家了，美滋滋~~~

组合 2：ticket = 1；suitcase=1

有车票，可以进站

没有通过安检，手提箱中有违禁品

警察叔叔！您听我解释……

组合 3：ticket = 0；suitcase=0

没有车票，不能进站

就这张票，昨天还能进的！

组合 4：ticket = 0；suitcase=1

没有车票，不能进站

就这张票，昨天还能进的！

例 3.4 编写程序模拟猜拳游戏。参考程序如下：

```python
import random   # 导入随机函数库
player = int(input('请输入：剪刀(0)   石头(1)   布(2):'))
computer = random.randint(0, 2)   # 在[0,2]取随机数
# 用来进行测试
# print('player=%d,computer=%d',(player,computer))
# 一行太长希望多行显示，使用\进行连接
if ((player == 0) and (computer == 2)) \
or ((player == 1) and (computer == 0)) \
or ((player == 2) and (computer == 1)):
    print('获胜，哈哈，你太厉害了')
elif player == computer:
    print('平局，要不再来一局')
else:
    print('输了，不要走，再来决战!')
```

3.3 循环计算

Python 中有两种循环：for 循环和 while 循环。for 循环是一种迭代循环，迭代即重复相同的逻辑操作，每次操作都是基于上一次的结果而进行的。而 while 循环是条件循环。它们的相同点在于都能循环做一件事情，不同点在于 for 循环会在可迭代的序列穷尽的时候停止，while 则是在条件不成立的时候停止。

3.3.1 for 循环

在 Python 语言中，遍历是指从字符串、序列等中依次取值，一个可迭代对象就是可以用

for 循环进行遍历的对象，如下面介绍的 range() 函数生成的对象就是可迭代对象。语句 for...in 遍历的对象必须是可迭代对象。

1. range() 函数

range() 是 Python 的内置函数，用于生成一系列连续整数的对象，函数返回一个可迭代对象（类型是对象），其语法格式如下：

range(start,end,step)

其中：start 指的是计数起始值，默认是 0；stop 指的是计数结束值，但不包括 stop；step 是步长，默认为 1，不可以为 0。range() 方法生成一段左闭右开的整数。在使用 range() 函数时，如果只有一个参数，就表示 end，从 0 开始；如果有两个参数，就表示 start 和 end；如果有三个参数，最后一个表示步长。它接收的参数必须是整数，可以是负数，但不能是浮点数等其他类型，例如：

```
list(range(4))    # [0, 1, 2, 3]
list(range(0,5))    #[0, 1, 2, 3 , 4]
list(range(0,10,3))   #[0, 3, 6, 9]
list(range(-4,4))   #[-4, -3, -2, -1, 0, 1, 2, 3]
list(range(4,-4,-1))   #[4, 3, 2, 1, 0, -1, -2, -3]
```

注意：range() 函数返回的是一个可迭代对象（类型是对象），而不是列表类型，所以输出的时候不会显示列表。list() 函数可以把 range() 返回的可迭代对象转为一个列表，返回的变量类型为列表。

2. for 循环语句

for 变量 in 可迭代对象：
　　循环需要执行的代码
写出下列程序的输出结果：

```
for i in range(5):
    print(i,end=' ')        #输出 0 1 2 3 4
for item in 'python':
    print(item):   #输出 python
for _ in range(5):   #下划线可以当作临时变量
    print('hello world')   #将 hello world 打印 5 遍
```

如求 1 ~ 100 之间所有偶数之和，程序如下：

```
sum = 0
for i in range(0,101,2):
    sum += i
print(sum)
```

又如输入一个整数，求该数的阶乘，程序如下：

```
result=1
```

```
num = int(input('num:'))
for i in range(1,num + 1):
    result *= i
print('%d 的阶乘为: %d' %(i,result))
```

3. break 和 continue 语句

break 表示终止循环，即不执行本次循环中 break 后的语句，直接跳出循环。continue 表示终止本次循环，即本次循环中 continue 后面的代码不执行，进入下一次循环的入口判断。exit() 表示结束进程，即整个退出系统。break 的用法如下：

```
for i in range(10):
    if i == 5:
        break
    print(i)
print('hello python')
```

又如 continue 用法：

```
for i in range(10):
    if i == 5:
        continue
    print(i)
print('hello python')
```

4. for... else 语句

for... else 语句是在循环正常结束后，执行 else 的内容。也就是说如果循环体因为某种原因（如带有 break 关键字）提前退出循环，则 else 子句不会被执行，程序将会直接跳过 else 子句继续执行后续程序，如：

```
ID = [1, 2, 3]
for i in ID:
    print (i,end=' ')
else:
    print ("\n 循环正常结束，请显示我！")
```

运行结果为：

```
1 2 3
循环正常结束，请显示我！
```

又如，求 100 以内素数，用 for ...else 结构实现如下：

```
for n in range(2, 100):
    for x in range(2, n):
        if n % x == 0:
            break
    else:                #注意 else 和 for 对齐
```

```
        print(n,end=' ')
```
输出结果为：

2 3 5 7 11 13 17 19 23 29 31 37 41 43 47 53 59 61 67 71 73 79 83 89 97

5. pass 语句

pass 语句表示空，什么也不干，只有语法上的意义，如：

```
for letter in 'RedMolly':
    if letter == 'l':
        pass
    print ('当前字母 :', letter)
print ("Good bye!")
```

例 3.5 有 1、2、3、4 四个数字，求这四个数字能生成多少个互不相同且无重复数字的三位数。

```
count = 0    # 记录符合要求的数字个数
for i in (1,2,3,4):
    for j in (1,2,3,4):
        for k in (1,2,3,4):
            if i != j and i != k and j!= k:     # 去重
                count += 1
print(count)  # 输出 24
```

例 3.6 输入两个整数，求两个数的最大公约数和最小公倍数[最小公倍数=(num1 * num2)/最大公约数]。

```
num1 = int(input('Num1: '))   #输入两个整数
num2 = int(input('Num2: '))
min_num = min(num1,num2)    #找出两个数中的最小值
#最大公约数范围为 1 ~ min_num
for i in range(1,min_num+1):
    if num1 % i ==0 and num2 %i ==0:
        gys = i
gbs = (num1*num2 / gys)   #最小公倍数
print('%d 和%d 的最大公约数为: %d' %(num1,num2,gys))
print('%d 和%d 的最小公倍数为: %d' %(num1,num2,gbs))
```

例 3.7 用 for 循环实现用户登录，输入用户名和密码；判断用户名和密码是否正确（ name='user',passwd='6666'），登录仅有 3 次机会，超过 3 次会报错。

```
for i in range(3):
    name = input('用户名: ')
    passwd = input('密码: ')
    if name == 'user' and passwd == '6666':
        print('登录成功！ ')
```

```
            break
        else:
            print('登录失败')
            print('您还剩余%d 次机会' %(2-i))
    else:
        print('失败超过 3 次，请稍后再试！')
```

3.3.2 while 循环

while 循环也是 Python 的循环结构之一。while 循环根据条件表达式循环计算，直到表达式变为假。表达式是一个逻辑表达式，必须返回 True 或 False 值。while 循环的语法如下：

```
while expression:
    statements
```

首先计算表达式语句，如果表达式为 True，声明块重复执行，直到表达式变为假。否则，循环体之后的语句块被执行，如：

```
count = 0
while (count < 5):
    print( 'The count is:', count)
     print("Hello，world!")
    count = count + 1
```

显示结果如图 3.5 所示。

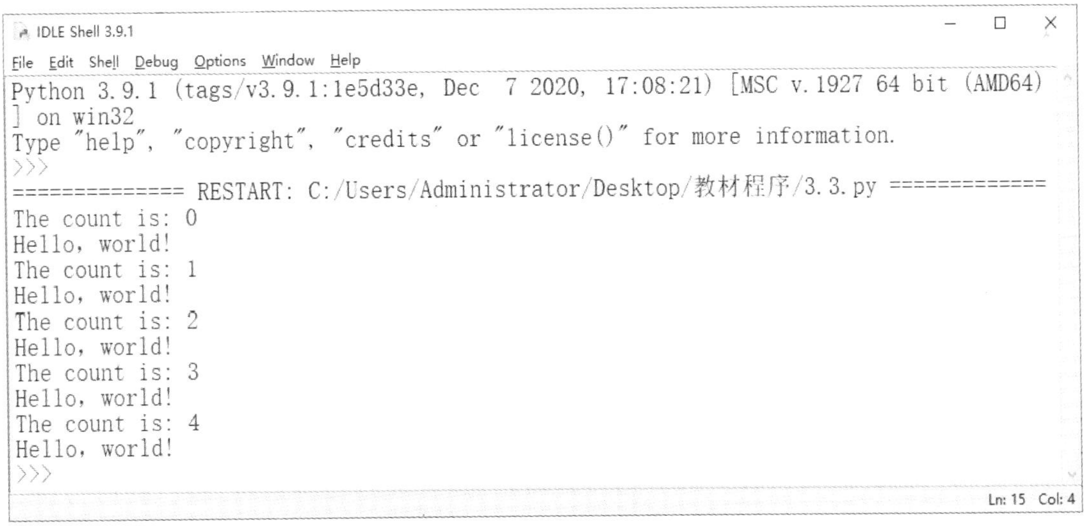

```
IDLE Shell 3.9.1                                          —    □    ×
File  Edit  Shell  Debug  Options  Window  Help
Python 3.9.1 (tags/v3.9.1:1e5d33e, Dec  7 2020, 17:08:21) [MSC v.1927 64 bit (AMD64)
] on win32
Type "help", "copyright", "credits" or "license()" for more information.
>>>
============== RESTART: C:/Users/Administrator/Desktop/教材程序/3.3.py ==============
The count is: 0
Hello, world!
The count is: 1
Hello, world!
The count is: 2
Hello, world!
The count is: 3
Hello, world!
The count is: 4
Hello, world!
>>>
                                                              Ln: 15 Col: 4
```

图 3.5　运行结果

注意：类似 if 语句语法，如果子句只包含一个单独的语句，可以放在同一行。如：

```
while expression : statement
```

3.3.3 循环的嵌套

Python 支持 if 结构的嵌套，也支持 for 和 while 结构的嵌套。在多层循环中，外循环执行一次，内循环全部执行，然后进入第二次外循环，内循环又全部执行，依次循环结束，如：

```python
for i in range(1,6):
    for j in range(1, i+1):
        print("*",end='')
    print(i)
```

运行程序，结果为：

*1

**2

***3

****4

*****5

if 结构和循环（while、for）结构之间也可以相互嵌套，如求 100 以内的素数，程序如下：

```python
for i in range(2,100):
    for j in range(2,i):
        if(i%j==0):
            break
    else:
        print(i,end=' ')
```

运行程序，结果为：

2 3 5 7 11 13 17 19 23 29 31 37 41 43 47 53 59 61 67 71 73 79 83 89 97

例 3.8 猜数游戏，输入一个 0~9 的整数，随机产生一个 0~9 之间的数字，猜 3 次，显示猜数的结果。

```python
import random
i=0
while i < 3:
    num = int(input('请您输入 0 到 9 任一个数:'))
    rand = random.randint(0,9)
    if num == rand:
        print("运气真好，您猜对了!")
        break
    elif num > rand:
        print("您猜大了!正确答案是:%d!  " %rand)
    elif num < rand:
        print("您猜小了!正确答案是:%d!  " %rand)
    i += 1
```

练习题

一、选择题

1. 语句 x=input()执行时，如果从键盘输入 12 并按回车键，则 x 的值是（　　　　）。

    A. 12　　　　　　　　B. 12.0　　　　　　　C. 1e2　　　　　　　　D. '12'

2. 表达式 eval('500/10') 的结果是（　　　　）。

    A. '500/10'　　　　　B. 500/10　　　　　　C. 50　　　　　　　　D. 50.0

3. print('{:7.2f} {:2d}'.format(101/7,101%8))的运行结果是（　　　　）。

    A. {:7.2f} {:2d}

    B. 14.43_5（_表示空格）

    C. _14.43__5（_表示空格）

    D. __101/7_101%8（_表示空格）

4. 以下关于循环结构的描述，错误的是（　　　　）。

    A. 遍历循环使用 for <循环变量> in <循环结构>语句，其中循环结构不能是文件。

    B. 使用 range()函数可以指定 for 循环的次数。

    C. for i in range(5)表示循环 5 次，i 的值是从 0 到 4。

    D. 用字符串做循环结构的时候，循环的次数是字符串的长度。

5. 执行以下程序，输入"93python22"，输出结果是（　　　　）。

```
w = input('请输入数字和字母构成的字符串：')
for x in w:
    if '0'<= x <= '9':
        continue
    else:
        w.replace(x,'')
print(w)
```

    A. python9322　　B. python　　　　C. 93python22　　　D. 9322

6. 执行以下程序，输入 la，输出结果是（　　　　）。

```
la = 'python'
try:
    s = eval(input('请输入整数：'))
    ls = s*2
    print(ls)
except:
    print('请输入整数')
```

    A. la　　　　　　　B. 请输入整数　　　C. pythonpython　　D. python

7. 执行以下程序，输入 qp，输出结果是（　　　　）。

```
k = 0
while True:
```

```
        s = input('请输入 q 退出：')
        if s == 'q':
            k += 1
            continue
        else:
            k += 2
            break
    print(k)
```

 A. 2　　　　　　　B. 请输入 q 退出　　　　　C. 3　　　　　　D. 1

8. 以下选项中描述正确的是（　　　）。

 A. 条件 24<=28<25 是不合法的。

 B. 条件 24<=28<25 是合法的，且输出为 True。

 C. 条件 35<=45<75 是合法的，且输出为 False。

 D. 条件 24<=28<25 是合法的，且输出为 False。

9. 下列 Python 语句正确的是（　　　）。

 A. min = x　if　x < y　else　y　　　B. max = x > y ? x : y

 C. if (x > y) print x　　　　　　　D. while True : pass

10. 以下关于 Python 语句的叙述中，正确的是（　　　）。

 A. 同一层次的 Python 语句必须对齐。

 B. Python 语句可以从一行的任意一列开始。

 C. 在执行 Python 语句时，可发现注释中的拼写错误。

 D. Python 程序的每行只能写一条语句。

二、判断题

1.（　　）break/continue 只能用在循环中，除此以外不能单独使用。

2.（　　）break/continue 在嵌套循环中，只对最近的一层循环起作用。

3.（　　）continue 的作用：用来结束本次循环，紧接着执行下一次的循环。

4.（　　）while 循环一般通过数值是否满足来确定循环的条件。

5.（　　）for 循环一般是对能保存多个数据的变量进行遍历。

6.（　　）if、while、for 等其他语句可以随意组合，这样往往就完成了复杂的功能。

7.（　　）在编写多层循环时，为了提高运行效率，应尽量减少内循环中不必要的计算。

8.（　　）带有 else 子句的循环，如果因为执行了 break 语句而退出的话，则会执行 else 子句中的代码。

9.（　　）对于带有 else 子句的循环语句，如果是因为循环条件表达式不成立而自然结束循环，则执行 else 子句中的代码。

10.（　　）在条件表达式中不允许使用赋值运算符" = "，否则会提示语法错误。

三、填空题

1. Python 3 中，语句 print(1, 2, 3, sep=':')的输出结果为＿＿＿＿＿＿。

2. Python 3 中，语句 print(1, 2, 3, sep=',')的输出结果为＿＿＿＿＿＿。

3. Python 中用于表示逻辑与、逻辑或、逻辑非运算的关键字分别是＿＿、＿＿、＿＿。

4. 表达式 list(range(1, 10, 3))的值为_____。

5. 表达式 list(range(10, 1, -3))的值为_____。

6. 表达式 list(range(5)) 的值为_____。

7. 语句 for i in range(3):print(i, end=',') 的输出结果为_____。

8. 语句 print(1, 2, 3, sep=',') 的输出结果为_____。

9. 对于带有 else 子句的 for 循环和 while 循环，当循环因循环条件不成立而自然结束时_____(会？不会？)执行 else 中的代码。

10. 在循环语句中，_____语句的作用是提前结束本层循环。

11. 在循环语句中，_____语句的作用是提前进入下一次循环。

四、实践操作题

1. 编程计算分段函数：

$$y = \begin{cases} \sin x + \sqrt{x^2+1}, & x > 5 \\ e^x + \log_5 x + \sqrt[5]{x}, & 0 < x \leqslant 5 \\ \cos x - x^3 + 3x, & x \leqslant 0 \end{cases}$$

2. 编程求解一元二次方程 $ax^2 + bx + c = 0$，方程中的 a、b、c 系数从键盘输入。

一般是根据求根公式来求解，即 $x = \dfrac{-b \pm \sqrt{b^2 - 4ac}}{2a}$，利用一元二次方程根的判别式 $(\Delta = b^2 - 4ac)$ 可以判断方程的根的情况。一元二次方程 $ax^2 + bx + c = 0(a \neq 0)$ 的根与根的判别式有如下关系：

①当 $\Delta > 0$ 时，方程有两个不相等的实数根；

②当 $\Delta = 0$ 时，方程有两个相等的实数根；

③当 $\Delta < 0$ 时，方程无实数根，但有 2 个共轭复根。

3. 编程模拟用户登录程序，要求输出账号 zhangsan，密码 666666，如正确，提示登录成功（3 次机会重试）。

4. 编程猜年龄游戏，要求：允许用户最多尝试 3 次，3 次都没猜对的话，就直接退出。如果猜对了，打印恭喜信息并退出。

程序改进：允许用户最多尝试 3 次，每尝试 3 次后，如果还没猜对，就问用户是否还想继续玩。如果回答 Y 或 y，就继续让其猜 3 次，以此往复；如果回答 N 或 n，就退出程序；如果猜对了，就直接退出。

5. 编程计算输入 n 的值，求出 n 的阶乘。

程序改进：输入 n 的值，求 n 的阶乘和，如 n=5 时，求 1!+2!+3!+4!+5!。

6. 编程计算求和：s＝a＋aa＋aaa＋…＋aa…a 的值（最后一个数中 a 的个数为 n）。其中 a 是一个 1~9 的数字，例如：2＋22＋222＋2222＋22222（此时 a=2，n=5）。输入：一行，包括两个整数，第 1 个为 a，第 2 个为 n（1≤a≤9，1≤n≤9），以英文逗号分隔。#输出：一行，s 的值。输入例子：2，5。对应输出：24690。

第4章 Python 序列计算

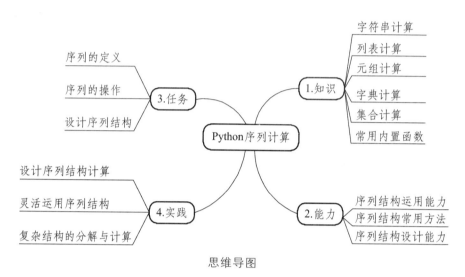

思维导图

序列指一块可存放多个值的连续内存空间，这些值按一定顺序排列，可通过每个值所在位置的编号（索引）访问它们。在 Python 中，序列类型包括字符串、列表、元组、集合和字典，这些序列支持一些通用的操作，如求序列的最大/最小值、求和、排序等，但是集合和字典比较特殊，不支持索引、切片、相加和相乘操作，下面将分别详细介绍。

4.1 字符串（str）

字符串是由一对单引号、双引号或三引号之间包含内容组成的符号序列，是一个有序的字符集合，用于存储和表示文本信息，是不可变对象。如果需要嵌套引号，则不允许出现单引号嵌套单引号、双引号嵌套双引号。

字符串的内容几乎可以包含任何字符。如：s1="100"，s2='200'，变量 s1 和 s2 存储的是字符串类型的值，字符串通常以一个整体作为操作对象。

4.1.1 字符串的输出

字符串的输出有 3 种方法：第一种用 print()方法输出，第二种是 str.format()方法，第三种是 Python 3.6 以后引入的 f-strings 方法。

1. print()方法

用 print()方法输出，形式是 print('字符串')，如：

```
s1='hello'
s2='world'
```

```
print(s1,s2)    # hello world
print(s1+s2)    # helloworld，+可以连接字符串

print('hello'+'3')    # hello3
print('hello'*3)    # hellohellohello，*表示重复

print(3,'hello')    # 3 hello
```

当用格式符号%s 时，形式是 print('%s'%('字符串'))，变量超过两个使用元组格式，如
print("%s,%s"%(字符串 1,字符串 2))，%s 表示字符串的位置。传入的值要与%s 一一对应。如：

```
name='zhangsan'
age=18
print("My name is %s,My age is %d" %(name,age))
#输出：My name is Zhangsan,My age is 18
```

又如，输出个人信息，代码如下：

```
name = '张三'
position = 'python 程序员'
address = '湖北武汉市东湖新技术开发区'

print('-'*50)
print("姓名：%s" % name)
print("职位：%s" % position)
print("公司地址：%s" % address)

print('-'*50)
```

运行结果如图 4.1 所示。

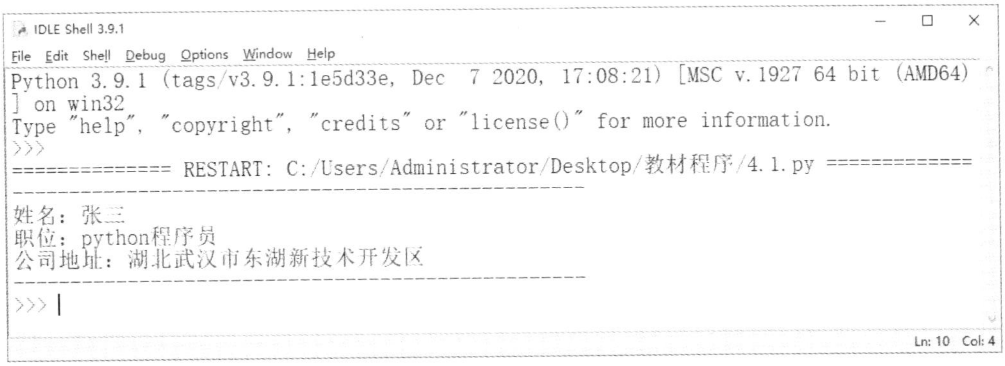

图 4.1　字符串输出

2. str.format()方法

　　str.format()是一个格式化字符串的方法，相比%格式化方法，单个参数可以多次输出，参数顺序可以不相同，填充与对齐方式灵活，有如下两种形式：

```
print('...{索引},... ,{索引},... '.format(值 1, 值 2))    #单引号可以换成双引号和三引号
```

索引指的是元组(值 1, 值 2)的索引，如索引{}为空，默认按照顺序取值。

```
print('...{key1},... ,{key2},... '.format(key1=value,key2=value))
```

下面程序以不同的形式输出相同的结果。

```
name = 'zhangsan'
age = 18
print('My name is {}, My age is {}'.format(name,age))
print('My name is {0}, My age is {1}'.format(name,age))
print('My name is {name}, My age is {age}'.format(name='zhangsan',age=18))
#都输出：My name is zhangsan, My age is 18
```

3. f-strings 方法

Python 3.6 引入了 f-strings，不仅比 str.format 使用简单，而且效率也更高。f-string 是字符串前面加上"f"，{}内直接使用变量、表达式等，如：

```
name='zhangsan'
age=18
print(f'My name is {name},My age is {age}')    # {}中直接使用变量
#输出：My name is zhangsan, My age is 18
```

4.1.2　字符串输入

字符串的输入由 input()函数的返回值得到，示例如下：

```
username = input('请输入用户名:')
print("用户名为：%s" % username)
password = input('请输入密码:')
print("密码为：%s" % password)
```

运行结果如图 4.2 所示。

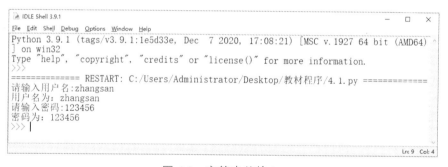

图 4.2　字符串的输入

4.1.3　下标和切片

下标（索引）就是编号，切片（slice）是指对操作的对象截取其中一部分的操作。切片操作可以从一个字符串中获取子字符串（字符串的一部分）。使用一对方括号、起始偏移量（start）、终止偏移量（end）以及可选的步长（step）来定义一个分片。其格式为[start:end:step]，三个参数可以部分省略，如：

[:] 表示提取从开头（默认位置 0）到结尾（默认位置-1）的整个字符串。

[start:] 表示从 start 提取到结尾。

[:end] 表示从开头提取到 end-1。

[start:end] 表示从 start 提取到 end-1。

[start:end:step] 表示从 start 提取到 end-1，每 step 个字符提取一个。左侧第一个字符的位置/偏移量为 0，右侧最后一个字符的位置/偏移量为-1。

注意： 选取的区间属于左闭右开型，即从"起始"位开始，到"结束"位的前一位结束（包含起始位本身，但不包含结束位本身）。step 可以不写，默认按照步长 1 直到末尾。

例 4.1　已知字符串为 str = '0123456789'，输出以下切片。

```
str = "0123456789"
print(str[0:3])    #012，截取第一位到第三位的字符。
print(str[:])    #0123456789，截取字符串的全部字符。
print(str[6:])    #6789，截取第七个字符到结尾。
print(str[:-3])    #0123456，截取从头开始到倒数第三个字符之前。
print(str[2])    #2，截取第三个字符。
print(str[-1])    #9，截取倒数第一个字符。
print(str[::-1])    #9876543210，创造一个与原字符串顺序相反的字符串。
print(str[-3:-1])    #78，截取倒数第三位与倒数第一位之前的字符。
print (str[-3:])    #789，截取倒数第三位到结尾。
print(str[:-5:-3])    #96，逆序截取，截取倒数第五位数与倒数第三位数之间。
print(str[::2])    #02468，按照步长为二，返回所有值。
```

4.1.4　字符串常见操作

字符串的基本用法可以分为五类，即性质判定、查找替换、拆分与连接、变形、填空与删减，下面分别介绍。

1. 性质判定

性质判定方法如表 4.1 所示。

表 4.1　性质判定方法

方　法	功　能
isalnum( )	是否全是字母和数字，并至少有一个字符
isalpha( )	是否全是字母，并至少有一个字符
isdigit( )	是否全是数字，并至少有一个字符
islower( )	字符串中字母是否全是小写
isupper( )	字符串中字母是否全是大写
isspace( )	是否全是空白字符，并至少有一个字符
istitle( )	判断字符串是否每个单词都有且只有第一个字母是大写
startswith(prefix[,start[,end]])	用于检查字符串是否是以指定子字符串开头，如果是则返回 True，否则返回 False。如果参数 start 和 end 指定值，则在指定范围内检查
endswith(suffix[,start[,end]])	用于判断字符串是否以指定后缀结尾，如果以指定后缀结尾返回 True，否则返回 False。可选参数"start"与"end"为检索字符串的开始与结束位置

例 4.2 阅读下面程序，写出输出结果。

```python
print('abc'.isspace()) # False
print('abc'.isalpha()) # True
print('123'.isnumeric()) # True
print('abc123'.isalnum()) # True
print('123abc!'.isalnum()) # False
```

2. 查找与替换

查找与替换的方法如表 4.2 所示。

表 4.2　查找与替换方法

方　法	功　能
count(sub[,start[,end]])	统计字符串里某个字符 sub 出现的次数。可选参数为在字符串搜索的开始与结束位置。这个数值在调用 replace 方法时有用
find(sub[,start[,end]])	检测字符串中是否包含子字符串 sub，如果指定 start（开始）和 end（结束）范围，则检查是否包含在指定范围内，如果包含子字符串，返回开始的索引值，否则返回-1
index(sub[,start[,end]]	与 find()方法一样，如果 sub 不在 string 中，会抛出 ValueError 异常
rfind(sub[,start[,end]])	类似 find()函数，从右边开始查找
rindex(sub[,start[,end]])	类似 index()，从右边开始
replace(old,new[,count])	用来替换字符串的某些子串，用 new 替换 old。如果指定 count 参数，最多替换 count 次，如果不指定，就全部替换

例 4.3 阅读下面程序，写出输出结果。

```python
str = "hello,my name is {name}, i am {age}"
print(str.find("w"))      #-1
print(str.format(name = "zhangsan", age = 18)) # hello,my name is zhangsan, i am 18
print(str.replace("hello","你好").format(name = "lisi", age = 20))
# 你好,my name is lisi, i am 20
print(str.index("n")) #9
print(str.find("wwww")) #-1
```

3. 拆分与连接

字符串的拆分与连接用得非常普遍，拆分与连接方法如表 4.3 所示。

表 4.3　拆分与连接方法

方　法	功　能
partition(sep)	用来根据指定的分隔符将字符串进行分割，如果字符串包含指定的分隔符，则返回一个 3 元的元组，第一个为分隔符左边的子串，第二个为分隔符本身，第三个为分隔符右边的子串。如果 sep 没有出现在字符串中，则返回值为(sep,",")
rpartition(sep)	类似 partition()函数，不过是从右边开始查找

方　法	功　能
splitness([keepends])	按照行('\r', '\r\n', \n')分隔，返回一个包含各行作为元素的列表，如果参数 keepends 为 False，不包含换行符，如果为 True，则保留换行符
split(sep[,maxsplit]])	通过指定分隔符对字符串进行切片，如果参数 maxsplit 有指定值，则仅分隔 maxsplit 个子字符串，返回分割后的字符串列表
rsplit(sep[,maxsplit]])	同 split()，不过是从右边开始
join(seq)	把字符串用设定的连接符连接起来，seq 是要连接的元素序列

如下程序拆分与连接字符串，用到了常用的 split() 和 join() 两个函数。

```
a = 'a_b_c_x_y_z'
b = a.split(sep='_')        #用_把 a 拆分
c=':'.join(b)               #用_把 b 连接起来。
d=''.join(b)                #用空白把 b 连接起来
print(b) # ['a', 'b', 'c', 'x', 'y', 'z']
print(c) # a:b:c:x:y:z
print(d) # abcxyz
```

4. 变　形

字符串的变形方法如表 4.4 所示。

表 4.4　变形方法

方　法	功　能
lower( )	转换字符串中所有大写字符为小写
upper( )	将字符串中的小写字母转为大写字母
capitalize( )	将字符串的第一个字母变成大写，其他字母变小写。对于 8 位字节编码，需要根据本地环境
swapcase( )	用于对字符串的大小写字母进行转换，大写转小写，小写转大写
title( )	返回"标题化"的字符串，就是说所有单词都是以大写开始，其余字母均为小写

例 4.4　分别将字符串 "hello,WORLD!" 首字母大写、全部大写、全部小写和大小写互换。

```
s = 'hello,WORLD!'
s1 = s.capitalize()    #首字母大写
s2 = s.upper()    #全部大写
s3 = s.lower()    #全部小写
s4 = s.swapcase()    #大小写互换
print(s1)    # Hello,world!
print(s2)    # HELLO,WORLD!
```

```
print(s3)   # hello,world!
print(s4)   # HELLO,world!
```

5. 删减与填充

删减与填充方法如表 4.5 所示。

表 4.5　删减与填充方法

方　法	功　能
strip([chars])	用于移除字符串头尾指定的字符（默认为空格），如果有多个就会删除多个
lstrip([chars])	用于截掉字符串左边的空格或指定字符
rstrip([chars])	用于截掉字符串右边的空格或指定字符
center(width[,fillchar])	返回一个原字符串居中，并使用 fillchar 填充至长度 width 的新字符串。默认填充字符为空格
ljust(width[,fillchar])	返回一个原字符串左对齐，并使用 fillchar 填充至指定长度的新字符串，默认为空格。如果指定的长度小于原字符串的长度，则返回原字符串
rjust(width[,fillchar])	返回一个原字符串右对齐，并使用 fillchar 填充至长度 width 的新字符串。如果指定的长度小于字符串的长度，则返回原字符串
zfill(width)	返回指定长度的字符串，原字符串右对齐，前面填充 0
expandtabs([tabsize])	把字符串中的 tab 符号('\t')转为适当数量的空格，默认情况下是转换为 8 个

例 4.5　阅读下面程序，写出输出结果。

```
x="1111123"
print(x.replace("11","A"))    # AA123
print(x.replace("11",""))     # 123
print(x.replace("","A"))      # A1A1A1A1A1A2A3A


x="AA123"
print(x.split("1"))    # ['AA','23']
print(x.split("A1"))    # ['A','23']


x="A B   12"
print(x.split())   # 空表示任意个数的空格，['A', 'B', '12']


x=["A","B"]
print("".join(x))    #list 转 str 时常用，AB
print("0".join(x))   #A0B
print("123".join(x))  #A123B
print(" ".join(x))   #A B
```

```
x="AAAAA1"
print(x.count("AA"))     #2

x="ABC123"
print(x[::-1])     #逆序，'321CBA'
```

4.2　列表（list）

列表是 Python 中最基本的数据结构，是常用的数据类型。Python 列表是任意对象的有序集合，通过索引访问指定元素，第一个索引是 0，第二个索引是 1，以此类推。列表元素可以是数字、字符串甚至列表本身等。使用"[]"标识将相应的元素包括在其中，不同的元素之间使用英文标点","隔开。列表通常用来保存多个互相独立的元素对象的集合，其元素可以根据需要修改。创建一个列表，只要把逗号分隔的不同数据项使用方括号括起来即可，如：

```
list1 = [a, b, 1, 2, [3, 4,5,]]
list2 = ["hello", "world"]
```
学过其他语言的同学会觉得这个写法和数组很像，但是注意，数组必须是相同元素的集合，而 Python 中的列表可以是不同类型的元素，如：

```
list3 = ["hello", 100, "world" ,200]
```
列表和字符串一样可以使用下标和切片，如：

```
list = ["hello", "world", "iGeek", "Home"]
print(list3[0])   # hello
print(list3[1])   # world
print(list3[2:])   # ['iGeek', 'Home']
```

4.2.1　循环遍历列表

遍历列表就是从头到尾依次从列表中获取数据，针对每一个元素，执行相同的操作。最常用的是使用 for 循环遍历列表，其格式为：for 循环内部使用变量 in 列表。如：

```
namesList = ['tom', 'jerry', 'jhon']
for name in namesList:
     print(name)
```
运行结果如下：

```
tom
jerry
jhon
```
当然，也可以使用 while 循环，如下面代码和上面代码产生同样的输出。

```
namesList = ['tom', 'jerry', 'jhon']
length = len(namesList)
i = 0
while i < length:
```

```
        print(namesList[i])
        i += 1
```

4.2.2　列表的常用操作

列表的常用操作方法包含创建、访问、更新、删除和其他操作等，下面分别介绍。

1. 添加元素(append, extend, insert)

append()方法：通过 append 可以向列表添加元素，并且默认添加在列表末尾。如：

```
namesList = ['tom', 'jerry', 'jhon']
print("----添加之前，列表中的元素----")
print(namesList)
print("----添加之后，列表中的元素----")
namesList.append("james")
print(namesList)
```

运行结果如图 4.3 所示。

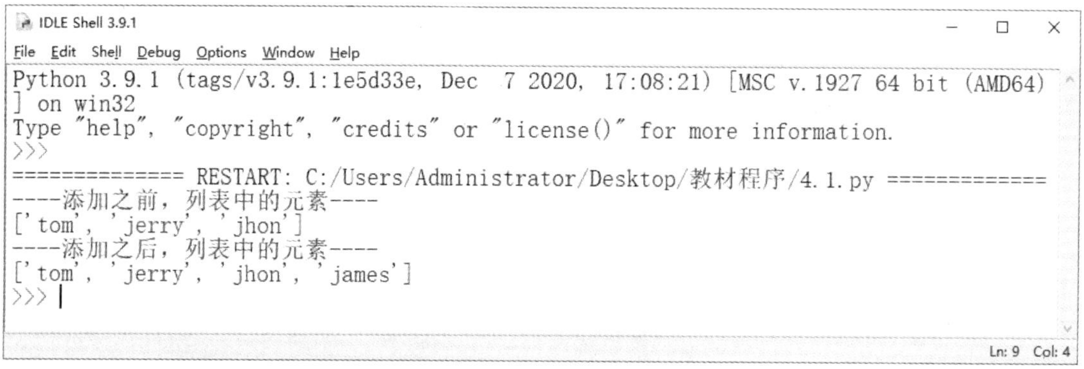

```
IDLE Shell 3.9.1                                              —    □    ×
File  Edit  Shell  Debug  Options  Window  Help
Python 3.9.1 (tags/v3.9.1:1e5d33e, Dec  7 2020, 17:08:21) [MSC v.1927 64 bit (AMD64)
] on win32
Type "help", "copyright", "credits" or "license()" for more information.
>>>
=============== RESTART: C:/Users/Administrator/Desktop/教材程序/4.1.py =============
----添加之前，列表中的元素----
['tom', 'jerry', 'jhon']
----添加之后，列表中的元素----
['tom', 'jerry', 'jhon', 'james']
>>> |
                                                                Ln: 9  Col: 4
```

图 4.3　运行结果

append()方法可以向列表添加元素，如果增加一个新列表，就用 extend()方法，如：

```
print("----使用 append 添加----")
a = ['a', 'b', 'c']
b = ['1', '2', '3']
a.append(b)
print(a)
print("----使用 extend 添加----")
a = ['a', 'b', 'c']
b = ['1', '2', '3']
a.extend(b)
print(a)
```

运行结果如图 4.4 所示。

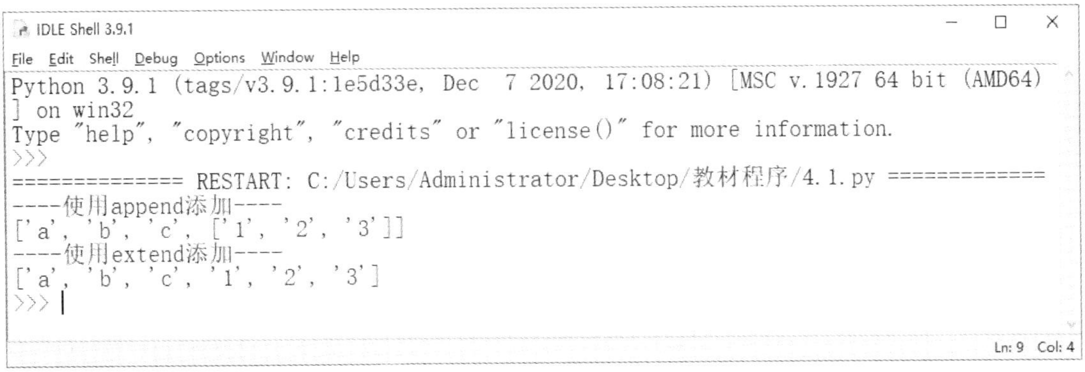

```
IDLE Shell 3.9.1                                               —    □    ×
File  Edit  Shell  Debug  Options  Window  Help
Python 3.9.1 (tags/v3.9.1:1e5d33e, Dec  7 2020, 17:08:21) [MSC v.1927 64 bit (AMD64)
] on win32
Type "help", "copyright", "credits" or "license()" for more information.
>>>
============= RESTART: C:/Users/Administrator/Desktop/教材程序/4.1.py =============
----使用append添加----
['a', 'b', 'c', ['1', '2', '3']]
----使用extend添加----
['a', 'b', 'c', '1', '2', '3']
>>> |
                                                                      Ln: 9  Col: 4
```

图 4.4   运行结果

insert()方法是在指定位置 index 前插入元素 object，形式为 insert(index, object)，如：

a = ['a', 'b', 'c']

a.insert(1, "haha")

print(a)

运行结果：

['a', 'haha', 'b', 'c']

2. 删除元素(del, pop, remove)

del 方法根据下标进行删除，如：

Name = ['华为', '小米', '云计算', '量子计算', '人工智能']

print('------删除之前------')

print(Name)
print('------删除之后------')

del Name[2]

print(Name)

运行结果：

------删除之前------

['华为', '小米', '云计算', '量子计算', '人工智能']

------删除之后------

['华为', '小米', '量子计算', '人工智能']

pop()方法删除最后一个元素，如：

Name = ['华为', '小米', '云计算', '量子计算', '人工智能']

print('------删除之前------')

print(Name)
print('------删除之后------')

Name.pop()   # 也可以传入下标作为参数，删除该下标的元素

print(Name)

运行结果：

------删除之前------

['华为', '小米', '云计算', '量子计算', '人工智能']

------删除之后------

['华为', '小米', '云计算', '量子计算']

remove()方法根据元素的值进行删除，如：

```
Name = ['华为', '小米', '云计算', '量子计算', '人工智能']
print('------删除之前------')
print(Name)
print('------删除之后------')
Name.remove('云计算')
print(Name)
```

运行结果：

------删除之前------

['华为', '小米', '云计算', '量子计算', '人工智能']

------删除之后------

['华为', '小米', '量子计算', '人工智能']

3. 修改元素

修改元素的时候，要通过下标确定要修改的是哪个元素，然后对其重新赋值，如：

```
Name = ['华为', '小米', '云计算', '量子计算', '人工智能']
print('------修改之前------')
print(Name)
print('------修改之后------')
Name[2] = '区块链'
print(Name)
```

运行结果：

------修改之前------

['华为', '小米', '云计算', '量子计算', '人工智能']

------修改之后------

['华为', '小米', '区块链', '量子计算', '人工智能']

4. 查找元素(in, not in, index, count)

in, not in 表示元素在不在列表中，返回 True 或 False，如：

```
name_list = ['tom', 'jerry', 'alice', 'james']
print('tom' in name_list) # True
print('tom' not in name_list)   # False
```

列表对象的 index()方法获取指定元素首次出现的下标，语法为 index(value,[start,[stop]])；列表的 count()方法统计指定元素在列表中出现的次数，如：

```
name_list = ['tom', 'jerry', 'alice', 'james', 'jerry']
print(name_list.index('jerry'))   # 1
```

```
print(name_list.index('jerry', 4, 6))    # 4
print(name_list.count('jerry'))    # 2
```

5. 排序(sort, reverse)

列表的 sort()方法将 list 按特定顺序重新排列，默认为由小到大，参数 reverse=True 可改为倒序，由大到小。列表的 reverse()方法是将 list 逆置，如：

```
a = [1, 4, 2, 3, 6, 5, 9, 8, 7]
print('----原列表----')
print(a)
print('----reverse----')
a.reverse()
print(a)
print('----sort----')
a.sort()
print(a)
print('----sort(reverse=True)----')
a.sort(reverse=True)
print(a)
```

运行结果:

```
----原列表----
[1, 4, 2, 3, 6, 5, 9, 8, 7]
----reverse----
[7, 8, 9, 5, 6, 3, 2, 4, 1]
----sort----
[1, 2, 3, 4, 5, 6, 7, 8, 9]
----sort(reverse=True)----
[9, 8, 7, 6, 5, 4, 3, 2, 1]
```

6. 列表嵌套

类似 while 循环的嵌套，列表也是支持嵌套的。一个列表中的元素又是一个列表，那么这就是列表的嵌套，如：

```
list1 = [[1, 2, 3], [4, 5, 6], [7, 8, 9]]
```

例 4.6   将 12 名同学随机分配到 3 个组中。

```
import random
students = ['s1', 's2', 's3', 's4', 's5', 's6', 's7', 's8', 's9', 's10', 's11', 's12']
groups = [[], [], []]
for student in students:
    index = random.randint(0, 2)
    groups[index].append(student)
```

```
print("第一组:%s" % (str(groups[0])))
print("第一组:%s" % (str(groups[1])))
print("第一组:%s" % (str(groups[2])))
```

4.2.3 列表推导式

列表推导式就是通过循环创建列表，是 Python 生成列表的特有方式，代码非常简洁，如：

```
print([x * x for x in range(1, 11)])   # 输出一个列表[1, 4, 9, 16, 25, 36, 49, 64, 81, 100]
```

它等价于如下语句：

```
L = []
for x in range(1, 11):
    L.append(x * x)
print(L)
```

写列表推导式时，把要生成的元素放到前面，后面跟 for 循环，就可以把 list 创建出来，列表推导式的 for 循环后面还可以加上 if 判断，又如：

```
[x * x for x in range(1, 11) if x % 2 == 0]
```

加上 if 条件后筛选出了满足条件的偶数元素列表 [4, 16, 36, 64, 100]，只有 if 判断为 True 的时候，才把循环的当前元素添加到列表中。

在列表推导式中，还可以用多层 for 循环来生成列表。如对于字符串 'ABC' 和 '123'，可以使用两层循环，生成全排列，代码如下：

```
print([m + n for m in 'ABC' for n in '123'])
```

翻译成循环代码如下：

```
L = []
for m in 'ABC':
    for n in '123':
        L.append(m + n)
print(L)
# 结果都是 ['A1', 'A2', 'A3', 'B1', 'B2', 'B3', 'C1', 'C2', 'C3']
```

例 4.7 使用列表生成式方法求解百钱买百鸡问题。假设大鸡 5 元 1 只，中鸡 3 元 1 只，小鸡 1 元 3 只，现有 100 元钱想买 100 只鸡，有多少种买法？方法如下：

```
L=[(i,j,k) for i in range(0,100) for j in range(0,100) for k in range(0,100) if i+j+k==100 and 5*i+3*j+k/3==100]
for i in L:
    print(i)
```

运行显示如下：

```
(0, 25, 75)
(4, 18, 78)
(8, 11, 81)
(12, 4, 84)
```

例 4.8　输入一个字符串，判断每个字符是否为大写字母、小写字母、数字和其他字符，并把每一类放在列表中输出。

```
upper=[]
lower=[]
num=[]
other=[]
astring=input("please input a string:")
for i in range(len(astring)):
    if astring[i].isupper():
        upper.append(astring[i])
    elif astring[i].islower():
        lower.append(astring[i])
    elif astring[i].isnumeric():
        num.append(astring[i])
    else:
        other.append(astring[i])
print("upper:",upper)
print("lower:",lower)
print("num:",num)
print("other:",other)
```

4.3　元组（tuple）

元组与列表类似，直观上最大的区别在于，列表使用"[]"，而元组使用"()"。这些符号都是英文半角状态下的符号。此外，元组具有不可更改的特性，一旦创建元组，则其中的内容不可修改。一般情况下元组用来描述一个不会改变事物的多个属性，如：

```
tp = (1,3,4,5,6)
```
需要注意的是，单个值也可以组成 tuple，赋值时括号内的逗号不能省略。
```
tp = (1,)    # 区别 (1)是 int 型 1，(1,)是元组
```

4.3.1　元组创建与访问

将一个元组赋值给变量即创建了一个元组，也可以使用 tuple()方法把其他类型序列转换为元组，同列表一样。元组支持双向索引访问元素，但不能修改元素的值，如：

```
t0 = ()    # 空元组，等价于 t0=tuple()
t1 = tuple([1,2,3,4])    # 把列表转换成元组

tp= (1, 2, 3, 4)
print(tp[0])    #显示 1
print(tp[2])    #显示 3

tp[0]=10    #TypeError: 'tuple' object does not support item assignment
```

使用 for 循环遍历元组，如：

```
names = ('Joker','Joe','Jack')
for name in names:
    print(name,end=',')   #输出  Joker,Joe,Jack,
```

4.3.2　序列封包与解包

在 Python 中，可以把多个值赋值给一个变量，这时会自动将这些值封装成元组，这种特性称为封包，如：x=1,2,3 等价于 x=(1,2,3)，x 为元组类型。当函数返回多个值时也相当于返回了一个元组，如：return a,b,c 等价于 return (a,b,c)，即返回一个元组。

把一个序列（列表、元组、字符串等）直接赋给多个变量，称为序列解包。此时会把序列中的各个元素依次赋值给每个变量，要求元素的个数和变量个数相同，如：

```
x, y, z = 1, 2, 3  # 相当于 x=1，y=2，z=3
x, y, z = range(3)  # 可以对 range 对象进行序列解包
a,b = b, a  # 交换两个数
```

序列解包除了支持元组外，可以用于列表、字典、range 对象、enumerate 对象和 filter 对象等。

序列解包时，也可以解出部分变量，剩下的使用列表变量保存，只需在被赋值的变量之前添加"*"，那么该变量就代表一个列表，保存未解包的多个元素，如：

```
a, b,c,*rest = range(6)
print(rest)   # [3, 4, 5]
print(type(rest)) # <class 'list'>
*front, last = range(6)
print(front) # [0, 1, 2, 3, 4]
front, *middle, last = range(6)
print(middle) # [1, 2, 3, 4]
```

4.3.3　生成器推导式

对于列表或元组对象，内存中要存放对象的每一个元素，如果大量的元素未能用到，会造成存储空间的浪费。在 Python 中有种边循环边推导出元素的机制，称为生成器（Generator）。它是集合抽象基类（Collections Abstract Base Classes，Collections.abc）中的一种类型，导入方式为 from collections.abc import generator。

把列表推导式中的方括号换成圆括号就是生成器表达式，生成器推导式的结果是一个生成器对象，不是列表，也不是元组。使用生成器对象的元素时，可以根据需要将其转化为列表或元组，如：

```
g = (x ** 2 for x in range(4))
print(type(g))   # <class 'generator'>
print(tuple(g))  # 转换为元组然后输出(0, 1, 4, 9)
```

同列表推导式一样，生成器推导式也可以进行条件判断，增加 if 语句，筛选出符合条件的元素，如：

```
g = (x ** 2 for x in range(4) if x>0)
print(list(g))    # [1, 4, 9]
```

4.3.4　可迭代与迭代器

可迭代（Iterable）与迭代器（Iterator）是集合抽象基类（Collections Abstract Base Classes，Collections.abc）中的两个类型。通过 for 循环遍历的对象称之为可迭代对象，如 list 或 tuple 对象。在 Python 中，迭代是通过 for...in 来完成的，它不仅可以用在 list 或 tuple 对象上，还可以用在 range 等可迭代对象上，通过 collections 模块的 Iterable 类型判断一个对象是否可迭代，如：

```
from collections.abc import Iterable
print(isinstance( '123', Iterable)) #True，str 对象可迭代
print(isinstance([1,2,3], Iterable)) #True，list 对象可迭代
print(isinstance(123, Iterable)) #False，整数不可迭代
print(isinstance(range(4), Iterable)) #True，range 对象可迭代
```

能够被 next()函数调用并不断返回下一个元素的对象称为迭代器（Iterator）对象，只有在需要返回下一个数据时它才会计算。可以使用 isinstance()判断一个对象是否是 Iterator 对象，如：

```
from collections.abc import Iterator
print(isinstance((x for x in range(10)),Iterator))#True
print(isinstance([1,2,3],Iterator)) #False
print(isinstance((1,2,3),Iterator)) #False
print(isinstance( '123',Iterator)) #False
print(next([1,2,3]))        #TypeError: 'list' object is not an iterator
```

可以看出，生成器是 Iterator 对象，而列表、元组和字符串对象不是 Iterator 对象，因为它们不支持 next()方法，可以使用 iter()方法把它们变成 Iterator 对象，如：

```
from collections.abc import Iterator
print(isinstance(iter([1,2,3]),Iterator))    #True
print(next(iter([1,2,3])))    # 1，每一次 next 返回下一个元素
```

从上面可以看出，Collections.abc 中的 Iterable、Iterator 和 Generator 对象既有联系又有区别，实际上，它们有如图 4.5 所示的继承关系。

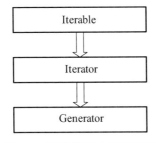

图 4.5　迭代类型之间的关系

4.4 字典（dict）

字典（dictionary）是用{"key"："value"}表示的键值对，通过 key 能够快速查找对应的 value。字典可以存储不同类型的数据，具有可变性。广义上来说，其他标准数据类型中也存在"键值对"，只是它们的键只能是索引号，而字典的键可以是不可变的数据类型（数字、字符串和元组），如：

```
#创建一个简单的 dict，该 dict 的 key 是字符串，value 是整数
scores = {'语文': 89, '数学': 92, '英语': 93}
empty_dict = {}    # 空的花括号代表空的 dict，等价于 empty_dict = dict()
dict2 = {(20, 30):'good', 30:'bad'}    # 使用元组作为 dict 的 key

print(scores)
print(empty_dict)
print(dict2)
```

显示结果如图 4.6 所示。

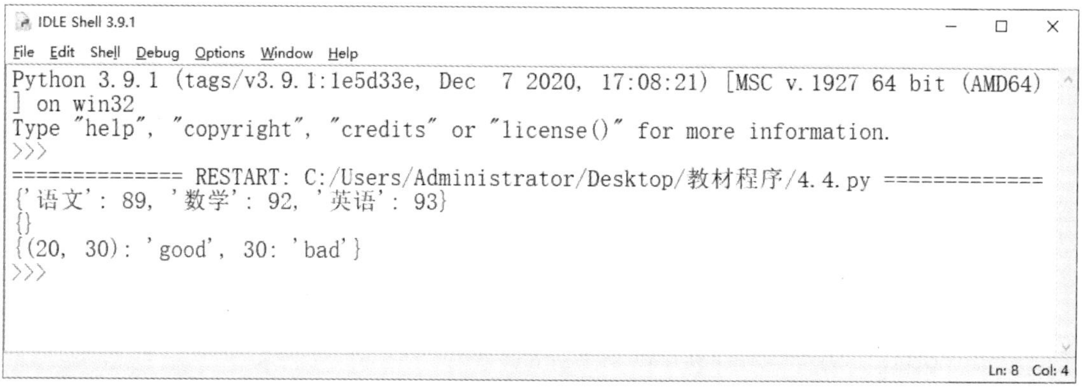

图 4.6　运行结果

注意：

◆键必须是唯一的，因为要通过键来查找对应的值；

◆键必须是不可变数据类型：数字、字符串或元组类型；

◆列表不能作为元组的 key，由于 dict 要求 key 必须是不可变类型；

◆字典中的键值对是无序的，这并不影响使用。

4.4.1　字典的键值对

字典包含多个 key-value 对，而 key 是字典的关键数据，因此程序对字典的操作都是基于 key 的。基本操作如下：

① 通过 key 访问 value。

② 通过 key 添加、删除、修改 key-value 对。

③ 通过 key 判断指定 key-value 对是否存在。

④ 通过 key 访问 value 是方括号语法，就像前面介绍的列表和元组一样，只是此时在方括号中是 key，而不是列表或元组中的索引。

1. 通过 key 访问 value

```
scores = {'语文': 89}
print(scores['语文'])
```

如果要为 dict 添加 key-value 对，只需为不存在的 key 赋值即可，对不存在的 key 赋值，就是增加 key-value 对，如：

```
scores['数学'] = 93
scores[92] = 5.7
print(scores) # {'语文': 89, '数学': 93, 92: 5.7}
```

如果要删除字典中的 key-value 对，则可使用 del 语句，如：

```
del scores['语文'] # 使用 del 语句删除 key-value 对
del scores['数学']
print(scores) # {92: 5.7}
```

如果对 dict 中存在的 key-value 对赋值，新赋的 value 就会覆盖原有的 value，这样即可改变 dict 中的 key-value 对，如：

```
cars = {'红旗': 8.5, '比亚迪': 8.3, '长城': 7.9}
# 对存在的 key-value 对赋值，改变 key-value 对
cars['红旗'] = 4.3
cars['长城'] = 3.8
print(cars)    # {'比亚迪': 8.3, '红旗': 4.3, '长城': 3.8}
```

2. 判断字典是否包含指定的 key

使用 in 或 not in 运算符，需要指出的是，对于 dict 而言，in 或 not in 运算符都是基于 key 来判断的，如：

```
# 判断 cars 是否包含名为'比亚迪'的 key
print('比亚迪' in cars) # True
# 判断 cars 是否包含名为'吉利'的 key
print('吉利' in cars) # False
print('吉利' not in cars) # True
```

通过上面介绍可以看出，字典的 key 就相当于它的索引，只不过这些索引不一定是整数类型，字典的 key 可以是任意不可变类型。

4.4.2 字典的常用方法

使用 dir(dict) 来查看字典类包含哪些方法。在交互式解释器中输入 dir(dict) 命令，将看到如下输出结果：

```
>>> dir(dict)
['clear', 'copy', 'fromkeys', 'get', 'items', 'keys', 'pop', 'popitem', 'setdefault', 'update', 'values']
>>>
```

下面介绍 dict 的一些常用方法。

1. clear()方法

clear()用于清空字典中所有的 key-value 对，对一个字典执行 clear()方法之后，该字典就会变成一个空字典。例如：

```
cars = {'红旗': 8.5, '比亚迪': 8.3, '长城': 7.9}
print(cars)    # {'红旗': 8.5, '比亚迪': 8.3, '长城': 7.9}
# 清空 cars 所有 key-value 对
cars.clear()
print(cars)   #{}
```

2. get()方法

get()方法的一般形式是 dict.get(key, default=None)，其实就是根据 key 来获取 value，当指定的 key 不存在时，允许返回指定的默认值。如：

```
scores = {'语文': 89, '数学': 92, '英语': 93}
print(scores.get('语文'))   #89
print(scores.get('历史'))   #None
print(scores.get('地理', 99))   #99
```

如果字典里面嵌套有字典，无法通过 get()直接获取 value，需要经过层层获取，下面两种程序方法都可以计算学生 Lisi 的"统计学"成绩为 96。

```
students = {'Zhangsan': {'数据结构':90,'计算机网络':88,'计算机组成原理':98},
            'Lisi': {'西方经济学':88,'统计学':96,'发展经济学':87}}
print(students['Lisi'].get('统计学'))    #96
print(students.get('Lisi').get('统计学'))   #96
```

3. update()方法

update()方法可使用一个字典所包含的 key-value 对更新已有的字典。在执行 update()方法时，如果被更新的字典中已包含对应的 key-value 对，那么原 value 会被覆盖；如果被更新的字典中不包含对应的 key-value 对，则该 key-value 对被添加进去，如：

```
cars = {'红旗': 8.5, '比亚迪': 8.3, '长城': 7.9}
cars.update({'红旗':4.5,'吉利': 9.3})
print(cars)   # {'红旗': 4.5, '比亚迪': 8.3, '长城': 7.9, '吉利': 9.3}
```

4. items()、keys()和 values()方法

items()、keys()、values()分别用于获取字典中的所有 key-value 对、所有 key、所有 value。这三种方法依次返回 dict_items、dict_keys 和 dict_values 对象，Python 不希望用户直接操作这几个对象，但可通过 list()函数把它们转换成列表。如：

```
cars = {'红旗': 8.5, '比亚迪': 8.3, '长城': 7.9}
# 获取字典所有的 key-value 对，返回一个 dict_items 对象
ims = cars.items()
print(type(ims))    #  <class 'dict_items'>
# 将 dict_items 转换成列表
```

```
print(list(ims))      # [('红旗', 8.5), ('比亚迪', 8.3), ('长城', 7.9)]
# 访问第 2 个 key-value 对
print(list(ims)[1])      # ('比亚迪', 8.3)
# 获取字典所有的 key，返回一个 dict_keys 对象
kys = cars.keys()
print(type(kys))   # <class 'dict_keys'>
# 将 dict_keys 转换成列表
print(list(kys))   # ['红旗', '比亚迪', '长城']
# 访问第 2 个 key
print(list(kys)[1])   # 比亚迪
# 获取字典所有的 value，返回一个 dict_values 对象
vals = cars.values()
# 将 dict_values 转换成列表
print(type(vals))   # <class 'dict_values'>
# 访问第 2 个 value
print(list(vals)[1])   #   8.3
```

从上面代码可以看出，程序调用字典的 items()、keys()、values()方法之后，都需要调用 list() 函数将它们转换为列表，这样即可把这三种方法的返回值转换为列表。

5. pop 方法

pop() 方法用于获取指定 key 对应的 value，并删除这个 key-value 对。如：

```
cars = {'红旗': 8.5, '比亚迪': 8.3, '长城': 7.9}
print(cars.pop('比亚迪'))   #   8.3
print(cars)   # '红旗': 8.5, '长城': 7.9}
```

6. popitem()方法

popitem()方法用于随机弹出字典中的一个 key-value 对。正如列表的 pop()方法总是弹出列表中最后一个元素，实际上字典的 popitem()也是弹出字典中最后一个 key-value 对。由于字典存储 key-value 对的顺序是不可知的，所以开发者感觉字典的 popitem()方法是"随机"弹出的。

```
cars = {'红旗': 8.5, '比亚迪': 8.3, '长城': 7.9}
print(cars)   # {'红旗': 8.5, '比亚迪': 8.3, '长城': 7.9}
# 弹出字典底层存储的最后一个 key-value 对
print(cars.popitem()) # ('长城', 7.9)
print(cars) # {'红旗': 8.5, '比亚迪': 8.3}
```

实际上 popitem 弹出的就是一个元组，因此程序完全可以通过序列解包的方式用两个变量分别接收 key 和 value，如：

```
# 将弹出项的 key 赋值给 k、value 赋值给 v
k, v = cars.popitem()
```

```
print(k, v) # 长城  7.9
```

7. setdefault()方法

setdefault()方法也用于根据 key 来获取对应 value 的值。但该方法有一个额外的功能，即当程序要获取的 key 在字典中不存在时，该方法会先为这个不存在的 key 设置一个默认的value，然后再返回该 key 对应的 value，如：

```
cars = {'红旗': 8.5, '比亚迪': 8.3, '长城': 7.9}
# 设置默认值，该 key 在 dict 中不存在，新增 key-value 对
print(cars.setdefault('吉利', 9.2))   # 9.2
print(cars)
# 设置默认值，该 key 在 dict 中存在，不会修改 dict 内容
print(cars.setdefault('红旗', 3.4))   # 8.5
print(cars) # {'红旗': 8.5, '比亚迪': 8.3, '长城': 7.9, '吉利': 9.2}
```

8. fromkeys()方法

fromkeys()方法使用给定的多个 key 创建字典，这些 key 对应的 value 默认都是 None；也可以额外传入一个参数作为默认的 value。该方法一般不会使用字典对象调用，而通常会使用dict 类直接调用，如：

```
# 使用列表创建包含 2 个 key 的字典
a_dict = dict.fromkeys(['a', 'b'])
print(a_dict) # {'a': None, 'b': None}
# 使用元组创建包含 2 个 key 的字典
b_dict = dict.fromkeys((13, 17))
print(b_dict) # {13: None, 17: None}
# 使用元组创建包含 2 个 key 的字典，指定默认的 value
c_dict = dict.fromkeys((13, 17), 'good')
print(c_dict) # {13: 'good', 17: 'good'}
```

4.5 集合（set）

集合是一个无序的不重复元素序列。从形式上看，像有 key 但没有 value 的字典，如 s = {'a', 'b', 'c'}，又像是一个用花括号替换了方括号的列表，但又不能像列表那样用索引访问元素。其实，在 Python 中，集合在内部实现上就是一个没有 value 的字典，所以它跟字典很像。集合主要用于测试一个对象是不是在一堆对象集里面，也就是 in 运算。这个功能其实列表也有，比如 1 in [2,3,4,5]，但是用列表的速度远远低于集合，尤其是这一堆对象的数量非常大时。集合的主要特点是包含的元素不能重复。

4.5.1 集合的创建

创建集合可以使用大括号{"元素"}或者 set()函数,创建一个空集合必须用 set()而不是{ },因为{ }是用来创建一个空字典，如：

```
s1 = {10, 20, 30, 10, 50}
s2 = { }  #这是空字典，空集合不能通过{}创建。
s3 = set()  #空集合只能通过 set() 创建。
s4=set([1,2,3,4,5])  # 列表转换为集合。
s5 = {'a', 'a', 'a'}  # 字典里元素不能重复。
s6=set('myname')  # 用字符串创建集合，去除重复元素，得到{'m','y','n','a','e'}。
```

注意：

◆ 与字典的键不能是可变对象一样，集合里面也不能是列表、集合、字典。

◆ 常利用字典元素不重复的特点进行去重。

4.5.2 集合常用方法

操作集合的方法很多，主要可以分为以下几类：

1. 新增一个元素到集合

给集合新增一个元素的方法为 add()，其功能是在一个集合里添加元素，如：

```
set1 = {'a', 'z', 'b', 4, 6, 1}
set1.add(8)
set1.add('hello')
print(set1)
```
执行结果：
```
{'b', 1, 'a', 4, 6, 8, 'hello', 'z'}
```

2. 清空集合所有元素

清空集合所有元素的方法是 clear()，返回一个空集合，如：

```
set1 = {'a', 'z', 'b', 4, 6, 1}
set1.clear()
print(set1)    # set()
```

3. 拷贝整个集合并赋值给变量

拷贝整个集合的方法是 copy()，复制一份集合，如：

```
set1 = {'a', 'z', 'b', 4, 6, 1}
set2 =set1.copy()
print(set2) #{1, 'a', 4, 6, 'b', 'z'}
```

4. 随机删除集合中的一个元素

随机删除集合中的一个元素的方法为 pop()，可以通过变量来获取删除的元素，如：

```
set1 = {'a', 'z', 'b', 4, 6, 1}
ys = set1.pop()
print('set1 集合：', set1)
print('删除的元素：', ys)
```

执行结果：

set1 集合：{4, 6, 'z', 'a', 'b'}

删除的元素：1

5. 删除集合中指定的元素 1

删除集合中指定的元素的方法为 remove()，如果该集合内没有该元素就报错，如：

```
set1 = {'a', 'z', 'b', 4, 6, 1}
set1.remove('a')
print(set1)
set1.remove('x') # KeyError: 'x'
print(set1)
```

执行结果：

{1, 4, 6, 'b', 'z'}

6. 删除集合中指定的元素 2

删除集合中指定的元素的方法为 discard()，如果该集合内没有该元素也不会报错，如：

```
set1 = {'a', 'z', 'b', 4, 6, 1}
set1.discard('a')
print(set1)
set1.discard('y')
print(set1)
```

执行结果：

{1, 4, 6, 'b', 'z'}　　{1, 4, 6, 'b', 'z'}

对于集合删除函数 pop()、remove()、discard()，pop()随机删除集合中的一个元素；remove()删除集合中指定的元素，如果集合中没有指定的元素，程序报错；discard()删除集合中指定的元素，如果集合中没有指定的元素，程序正常运行。

4.5.3　集合运算

集合运算主要有求集合的交集、并集、子集、补集和差集等，这些运算既可以通过相应的函数实现，如表 4.6 所示，也可以通过运算符实现，下面详细介绍。

表 4.6　集合操作方法

集合运算函数	功能简要描述
difference( )	返回两个或多个集合的差作为新集合
difference_update( )	从该集合中删除另一个集合的所有元素
intersection( )	返回两个集合的交集作为新集合
intersection_update( )	用自身和另一个的交集更新集合
isdisjoint( )	如两个集合的交集为空，则返回 True

集合运算函数	功能简要描述
issubset( )	判断是否是子集,是就返回 True
issuperset( )	是否包含另一个集合,是就返回 True
symmetric_difference()	返回两个集合的对称差作为新集合
symmetric_difference_update( )	用本身和另一个的对称差更新一个集合
union( )	返回新集合中集合的并集
update( )	用自身和其他元素的并集更新集合

对集合运算时,不会影响原来的集合,而是返回一个运算结果。下面以集合 A 和 B 为例进行集合的运算。

A = {1,2,3,4,5},B = {3,4,5,6,7}

1. 集合的交集（&）

A 和 B 的交集是在这两个集合中共有的一组元素。使用 intersection()方法可以完成相同的操作,如:

result =A & B   # A.intersection(B),结果是 {3, 4, 5}

2. 集合的并集（|）

A 和 B 的并集是来自这两个集合的所有元素的集合。也可以使用 union()方法来完成,如:

result =A | B   # A.union(B),结果是 {1,2,3,4,5,6,7}

3. 集合的差（−）

A 和 B 的差（A-B）是仅在 A 中但不在 B 中的一组元素。类似地,B-A 是 B 中但不在 A 中的一组元素。使用 difference()方法可以完成相同的操作,如:

result = A- B   # A.difference(B),结果是{1, 2}

4. 集合的异或（^）（又叫对称差）

集合的异或又叫对称差,就是获取只在一个集合中出现的元素,用符号^表示。使用 symmetric_difference()方法可以完成相同的操作,如:

result = A ^ B   # A.symmetric_difference (B),结果是{1, 2, 6, 7}

5. 集合的子集（<=）

如果 a 集合中的元素全部都在 b 集合中出现,那么 a 集合就是 b 集合的子集,b 集合是 a 集合的超集,使用 issubset()方法可以完成相同的操作,如:

a = {1,2,3}

b = {1,2,3,4,5}

result = a <= b   # True, 等价于 a.issubset(b)

result = {1,2,3} <= {1,2,3}   # True

result = {1,2,3,4,5} <= {1,2,3}   # False

6. 集合的真子集（<）

如果超集 b 中含有子集 a 中所有元素，并且 b 中还有 a 中没有的元素，则 b 就是 a 的真超集，a 是 b 的真子集，如：

```
result = {1,2,3} < {1,2,3} # False
result = {1,2,3} < {1,2,3,4,5} # True
```

同样，>= 检查一个集合是否是另一个的超集，> 检查一个集合是否是另一个的真超集。

7. 集合成员测试与遍历（in）

使用 in 关键字来测试元素是否存在于集合中，用于循环遍历集合中的所有元素，如：

```
A = set("apple")   # 初始化 A，检查"a"是否存在
print('a' in A)   # 输出: True
print('p' not in A)   # 检查"p"是否存在，输出: False
B = {'1','2',"star"}
for item in B:   #用 for 循环遍历
    print(item,end='')
print('\n')
for letter in set("apple"):
    print(letter) # 输出集合所有元素
```

显示结果如图 4.7 所示。

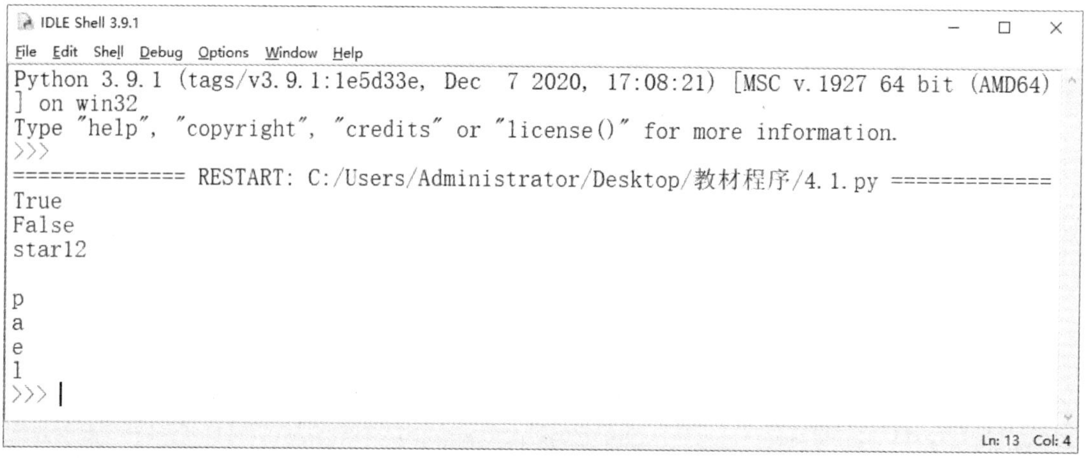

```
IDLE Shell 3.9.1                                          —   □   ×
File  Edit  Shell  Debug  Options  Window  Help
Python 3.9.1 (tags/v3.9.1:1e5d33e, Dec  7 2020, 17:08:21) [MSC v.1927 64 bit (AMD64)
] on win32
Type "help", "copyright", "credits" or "license()" for more information.
>>>
============== RESTART: C:/Users/Administrator/Desktop/教材程序/4.1.py ==============
True
False
star12

p
a
e
l
>>> |
                                                          Ln: 13  Col: 4
```

图 4.7　运行结果

注意：遍历集合输出时所显示的顺序具有随机性，与运行环境相关。

例 4.9　生成 N 个 1 到 100 之间的随机整数，其中重复的数字只保留一个，把其余相同的数去掉，然后从大到小排序。

```
import random
nums = set()   # 生成一个空集合
N = int(input('N: '))
for count in range(N):
```

```
    num = random.randint(1, 100)   # 生成 N 个 1 到 100 之间的随机整数
    nums.add(num)
print(sorted(nums, reverse=True))    # 从大到小排序
```

例 4.10　小张喜欢吃桃子、梨子、火龙果，小李喜欢吃香蕉、桃子、草莓，请编写程序分析他们两个人都喜欢什么水果？一共有哪些水果？什么水果是小张喜欢的却不是小李喜欢的？什么水果是小李喜欢的却不是小张喜欢的？

```
fruits1 = {'桃子', '梨子', '火龙果'}
fruits2 = {'香蕉', '桃子', '草莓'}
print(fruits1.intersection(fruits2)) # fruits1 & fruits2
print(fruits1.union(fruits2)) # fruits1 | fruits2
print(fruits1.difference(fruits2)) # fruits1 - fruits2
print(fruits2.difference(fruits1)) # fruits2 - fruits1
```

4.5.4　不可变集合

Frozenset 是具有集合特征的新类，一旦分配，就不能更改其元素，是不可变集合，类似元组是不可变列表。可变集合（set）不可散列，因此不能用作字典键。Frozenset 是可哈希的（hashable，不可变），可用作字典键。可以使用函数 Frozenset() 创建 Frozensets 对象。Frozensets 对象支持的方法有 copy()、difference()、intersection()、isdisjoint()、issubset()、issuperset()、symmetric_difference() 和 union() 等。由于不可变，Frozenset 没有添加或删除元素的方法，如：

```
#初始化不可变集 A 和 B
A = frozenset([1, 2, 3, 4])
B = frozenset([3, 4, 5, 6])
print(A.isdisjoint(B))  #显示：False
print(A.difference(B))   # 显示：frozenset({1, 2})
print(A | B)  # 显示：frozenset({1, 2, 3, 4, 5, 6})
C=frozenset({1, 2, 3, 4, 5, 6})
C.add(3) # AttributeError: 'frozenset' object has no attribute 'add'
```

例 4.11　分别用列表、字典、集合表示学生成绩，筛选出成绩不小于 60 的数据。

```
score_list = [ 92, 58, 55, 86, 73, 42]
score_dict = { '数学':92, '英语':58, '语文':55, '生物':86, '物理':73, '体育':42 }
score_set = {92, 58, 55, 86, 73, 42}
result1 = [x for x in score_list if x > 60]
result2 = { key: val for key, val in score_dict .items() if val > 60 }
result3 = { x for x in score_set if x > 60 }
print(result1)    # [92, 86, 73]
print(result2)    # {'数学': 92, '生物': 86, '物理': 73}
print(result3)    # {73, 92, 86}
```

4.6 常用内置函数

Python 解释器自带的函数叫作内置函数,这些函数可以直接使用,不需要导入某个模块。内置函数是解释器的一部分,它随着解释器的启动而生效。内置函数和标准库函数是不一样的。Python 标准库函数相当于解释器的外部扩展,它并不会随着解释器的启动而加载,要想使用这些外部扩展,必须提前导入。Python 标准库非常庞大,包含了很多模块,要想使用某个函数,必须提前导入对应的模块,否则函数是无效的。

在交互式命令行中输入命令:dir(__builtins__),查看内置函数,如图 4.8 所示。

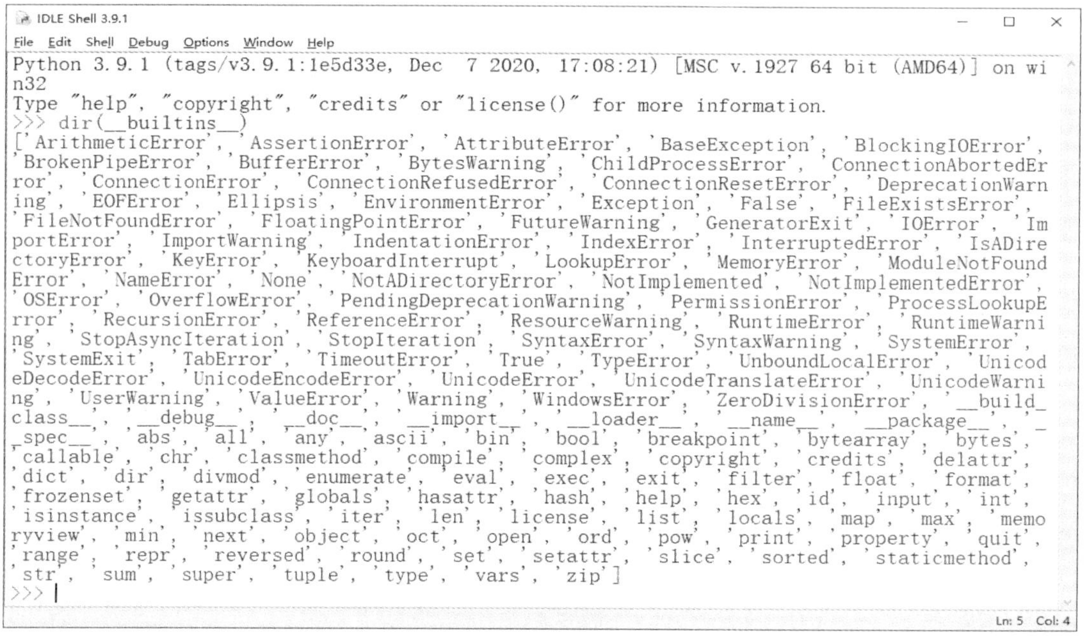

图 4.8　内置函数

在前面章节中断断续续介绍过一些内置函数,下面再介绍一部分常用的内置函数,为便于理解,有些参数已简化,如表 4.7 所示。

表 4.7　其他常用内置函数

函　　数	功能简要说明
len(seq)	计算序列 seq 元素个数
max(seq)	返回序列 seq 中元素最大值
min(seq)	返回序列 seq 中元素最小值
sum(seq)	返回数值型序列的和
exec()	执行 Python 语句
enumerate()	将可遍历对象组合为一个索引序列,同时列出数据和数据下标
filter(func, iterable)	通过判断函数 fun,筛选符合条件的元素
map(func, iterable)	将 func 用于每个 iterable 对象

函　　数	功能简要说明
zip(*iterable)	将 iterable 分组合并，返回一个 zip 对象
type()	返回一个对象的类型。
id()	返回一个对象的唯一标识值
hash(object)	返回一个对象的 hash 值
help()	调用系统内置的帮助系统
isinstance()	判断一个对象是否为该类的实例
reversed(sequence)	生成一个反转序列的迭代器对象
sorted()	返回排序后的列表

1. enumerate()方法

对于一个可迭代对象（如列表、字符串等），enumerate()方法将其组成一个索引序列，利用它可以同时获得索引和值。enumerate()方法多用于 for 循环中计数，如：

```
lis = ['a','b','c']
for k,v in enumerate(lis):
    print(k,v,end=',')   # 0 a,1 b,2 c,
```

默认索引号从 0 开始，也可以指定索引号，如：

```
equipmentName = ['华为 Mate7','华为 Mate8','华为 Mate9','华为 P40','华为 P50']
for index,phoneName in enumerate(equipmentName,1): #指定 index 的起始值为 1
    print (index,":",phoneName)
```

结果显示：

1：华为 Mate7

2：华为 Mate8

3：华为 Mate9

4：华为 P40

5：华为 P50

2. zip()方法

zip()方法将可迭代对象作为参数，将对象中对应的元素组成一个个元组，然后返回由这些元组组成的对象。其形式为 zip([iterable, ...])，参数 iterabl 表示一个或多个迭代对象，如果各个迭代对象的元素个数不一致，则返回对象的长度与最短的对象相同，如：

```
a = [1,2,3]
b = ['a','b','c']
z = zip(a,b)   #zip 将对象逐一匹配
for i in z:
    print(i)
```

运行结果显示：

(1, 'a')

(2, 'b')

(3, 'c')

3. filter()方法

filter()方法用于过滤序列，过滤掉不符合条件的元素，接收两个参数，第一个为函数，第二个为序列，序列的每个元素作为参数传递给函数进行判断，然后返回 True 或 False，返回一个只包含 True 的元素迭代器对象。也就是说，在函数中设定过滤条件，逐一循环迭代对象中的元素，将返回值为 True 时的元素留下，形成一个 filter 类型数据，如：

```python
def compare(x):
    return x > 5
result = filter(compare,[1,2,3,4,5,6,7,8,9,10,11])
for i in result:
    print(i,end='  ')    #6 7 8 9 10 11
```

4. map()方法

map()方法接收一个函数 f 和一个可迭代对象，把函数 f 依次作用在可迭代对象的每个元素上，得到一个新的 map 对象并返回，如：

```python
def f(x):
    return x*x
print(list(map(f, [1, 2, 3, 4, 5])))    # [1, 4, 9, 16, 25]
```

例 4.12　假设有一群人参加舞蹈比赛，为了公平起见，随机排列他们的出场顺序，并给每个队员一个出场的编号。

```python
import random
people = ['zhangsan', 'lisi', 'wangwu', 'zhaoliu']
random.shuffle(people)
for i,name in enumerate(people,1):
    print(i,':'+name)
```

4.7　数据类型转换

Python 具有丰富的数据类型，有时需要将数据由当前类型转化为其他的类型。数据类型转换分为两种：一种是自动转换，另一种是强制转换。自动转换时程序根据计算要求由系统自动进行转换，不需要人为干预。强制数据类型转换是根据计算需要，人为改变数据类型，只需要将目标数据类型作为函数名即可。

1. 自动类型转换

自动类型转换主要是针对 Number 数字类型来说的，当 2 个不同类型的数据进行运算时，系统默认向更高精度转换。精度从低到高为：bool→int→float→complex。bool 类型参与数字计算时，True 转化成整型 1，False 转化成整型 0。如：

```
print(True + 5)    # 6
print(True + 5.45)    # 6.45
print(True + 5j)    # (1+5j)
print(5 + 5.56)    # 10.559999999999999
print(3 + (5-5j))    # (8-5j)
print(5.67 + (-5+4j))    # (0.6699999999999999+4j)
```

2. 强制类型转换

以下几个内置的函数可以执行数据类型之间的转换。这些函数返回一个新的对象，表示转换的值，常用的类型转换方法如表 4.8 所示。

表 4.8　类型转换

函　数	功能简要说明	示　例
int(str)	转换为 int 型	int('1') #1
float(int/str)	将 int 型或字符型转换为浮点型	float('1') #1.0
str(int)	转换为字符型	str(1) # '1'
bool(int)	转换为布尔类型	bool(0) #False bool(None) # False
bytes(str,code)	接收一个字符串与所要编码的格式，返回一个字节流类型	bytes('abc','utf-8') #b'abc'
list(iterable)	转换为 list	list((1,2,3)) # [1,2,3]
iter(iterable)	返回一个可迭代的对象	iter([1,2,3]) # <list_iterator object
dict(iterable)	转换为 dict	dict([('a',1), ('b',2), ('c',3)]) # {'a':1, 'b':2, 'c':3}
tuple(iterable)	转换为 tuple	tuple([1,2,3]) # (1,2,3)
set(iterable)	转换为 set	set([1,4,2,4,3,5])#{1,2,3,4,5}
hex(int)	转换为 16 进制	hex(1024) # '0x400'
oct(int)	转换为 8 进制	oct(1024) # '0o2000'
bin(int)	转换为 2 进制	bin(1024)# '0b10000000000'
chr(x)	返回 Unicode 编码为 x 的一个字符	chr(65) #'A'
ord(s)	返回一个字符 s 的 Unicode 编码	ord('A') # 65

例 4.13　阅读程序，写出输出结果。

```
#int(),float()转换
print(int(1.2))    # 1
print(int('12', 16))    # 18
print(float(1))    # 1.0
print(float('123'))    # 123.0
# complex() 转换
```

```
print(complex(1, 2))    # (1+2j)
print(complex("1"))     # (1+0j)

dict1 = {'a': 'b', 'c': 'd'};
print(str(dict1))    # '{'a': 'b', 'c': 'd'}'

print(tuple([1,2,3,4]))    # (1, 2, 3, 4)
aTuple = (123, 'xyz', 'zara', 'abc');
print(list(aTuple))    # [123, 'xyz', 'zara', 'abc']

print(dict(a='a', b='b', t='t'))    # {'a': 'a', 'b': 'b', 't': 't'}
print(dict(zip(["a","b"], ["c","d"])))    # {'a': 'b', 'c': 'd'}
print(dict([(1, 2), (3, 4)]))    # {1: 2, 3: 4}

#chr() 用一个范围在 256 内的整数作参数，返回一个对应的字符。
print(chr(123))    # {
print(chr(48))    # '0'
print(ord('a'))    # 97
print(ord('0'))    # 48
# 将 10 进制整数转换成 16 进制，以字符串形式表示。
print(hex(255))    # 0xff
print(hex(0))    # 0x0
#将一个整数转换成 8 进制字符串。
print(oct(10))    # 0o12
```

练习题

一、选择题

1. 以下不是 tuple 类型的是（   ）。

    A. (1)   B. (1,)   C. ([], [1])   D. ([{'a': 1}], ['b', 1])

2. 针对元组(1, 2, [1, 2, '1', '2'])的说法正确的是（   ）。

    A. 长度为 6   B. 属于二维元组

    C. 元组的元素可变   D. 嵌入列表的值可变

3. 以下表达式，正确定义了一个集合数据对象的是（   ）。

    A. x = { 200, 'flg', 20.3}   B. x = (200, 'flg', 20.3)

    C. x = [200, 'flg', 20.3]   D. x = {'flg' : 20.3}

4. 以下程序的输出结果是（　　　）。

ss = list(set("jzzszyj"))

ss.sort()

print(ss)

    A.　['z', 'j', 's', 'y']　　　　　　　　B.　['j', 's', 'y', 'z']

    C.　['j', 'z', 'z', 's', 'z', 'y', 'j']　　　D.　['j', 'j', 's', 'y', 'z', 'z', 'z']

5. 以下程序的输出结果是（　　　）。

ss = set("htslbht")

sorted(ss)　　　#不是原地操作

for i in ss:

        print(i,end = '')

    A.　htslbht　　　　B.　bhlst　　　　C.　lsbht　　　　　D.　hhlstt

6. 已知 id(ls1) = 4404896968，以下程序的输出结果是（　　　）。

ls1 = [1,2,3,4,5]

ls2 = ls1

ls3 = ls1.copy()

print(id(ls2),id(ls3))

    A.　4404896968 4404896904　　　B.　4404896904 4404896968

    C.　4404896968 4404896968　　　D.　4404896904 4404896904

7. 以下程序的输出结果是（　　　）。

ls =list({'shandong':200, 'hebei':300, 'beijing':400})

print(ls)

    A.　['300','200','400']　　　　　　B.　['shandong', 'hebei', 'beijing']

    C.　[300,200,400]　　　　　　　　D.　'shandong', 'hebei', 'beijing'

8. 以下关于字符串类型的操作描述错误的是（　　　）。

    A.　str.replace(x,y)方法把字符串 str 中所有的 x 子串都替换成 y。

    B.　想把一个字符串 str 所有的字符都大写，用 str.upper()。

    C.　想获取字符串 str 的长度，用字符串处理函数　str.len()。

    D.　设 x = 'aa'，则执行 x*3 的结果是'aaaaaa'。

9. 设 str = 'python'，把字符串的第一个字母大写，其他字母小写，正确的是（　　　）。

    A.　print(str[0].upper()+str[1:])　　B.　print(str[1].upper()+str[-1:1])

    C.　print(str[0].upper()+str[1:-1])　　D.　print(str[1].upper()+str[2:])

10. 关于 Python 的元组类型，以下选项中描述错误的是（　　　）。

    A.　一个元组可以作为另一个元组的元素，可以采用多级索引获取信息。

    B.　元组一旦创建就不能被修改。

    C.　Python 中元组采用逗号和圆括号（可选）来表示。

    D.　元组中元素不可以是不同类型。

11. S 和 T 是两个集合，对 S&T 的描述正确的是（　　　）。

    A.　S 和 T 的补运算，包括集合 S 和 T 中的非相同元素。

B. S 和 T 的差运算，包括在集合 S 但不在 T 中的元素。

C. S 和 T 的交运算，包括同时在集合 S 和 T 中的元素。

D. S 和 T 的并运算，包括在集合 S 和 T 中的所有元素。

12. 设序列 s，以下选项中对 max(s) 的描述正确的是（　　）。

    A. 一定能够返回序列 s 的最大元素。

    B. 返回序列 s 的最大元素，如果有多个相同，则返回一个元组类型。

    C. 返回序列 s 的最大元素，如果有多个相同，则返回一个列表类型。

    D. 返回序列 s 的最大元素，但要求 s 中元素之间可比较。

13. 给定字典 d，以下选项中对 d.keys() 的描述正确的是（　　）。

    A. 返回一个列表类型，包括字典 d 中所有键。

    B. 返回一个集合类型，包括字典 d 中所有键。

    C. 返回一种 dict_keys 类型，包括字典 d 中所有键。

    D. 返回一个元组类型，包括字典 d 中所有键。

14. 给定字典 d，以下选项中对 d.values() 的描述正确的是（　　）。

    A. 返回一种 dict_values 类型，包括字典 d 中所有值。

    B. 返回一个集合类型，包括字典 d 中所有值。

    C. 返回一个元组类型，包括字典 d 中所有值。

    D. 返回一个列表类型，包括字典 d 中所有值。

15. 给定字典 d，以下选项中对 d.items() 的描述正确的是（　　）。

    A. 返回一种 dict_items 类型，包括字典 d 中所有键值对。

    B. 返回一个元组类型，每个元素是一个二元元组，包括字典 d 中所有键值对。

    C. 返回一个列表类型，每个元素是一个二元元组，包括字典 d 中所有键值对。

    D. 返回一个集合类型，每个元素是一个二元元组，包括字典 d 中所有键值对。

16. 给定字典 d，以下选项中对 x in d 的描述正确的是（　　）。

    A. x 是一个二元元组，判断 x 是否是字典 d 中的键值对。

    B. 判断 x 是否是字典 d 中的键。

    C. 判断 x 是否是在字典 d 中以键或值方式存在。

    D. 判断 x 是否是字典 d 中的值。

17. 给定字典 d，以下选项中可以清空该字典并保留变量的是（　　）。

    A. del d   B. d.remove( )   C. d.pop()   D. d.clear()

二、判断题

1.（　　）Python 支持使用字典的"键"作为下标来访问字典中的值。

2.（　　）列表可以作为字典的"键"。

3.（　　）元组可以作为字典的"键"。

4.（　　）字典的"键"必须是不可变的。

5.（　　）生成器推导式比列表推导式具有更高的效率，推荐使用。

6.（　　）Python 集合中的元素不允许重复。

7.（　　）只能对列表进行切片操作，不能对元组和字符串进行切片操作。

8.（　　）只能通过切片访问列表中的元素，不能使用切片修改列表中的元素。

9. (　　) 只能通过切片访问元组中的元素，不能使用切片修改元组中的元素。

10. (　　) 字符串属于 Python 有序序列，和列表、元组一样都支持双向索引。

三、填空题

1. 表达式 chr(ord('a')-32) 的值为＿＿＿＿＿＿＿＿。

2. 已知 ord('A') 的值为 65 并且 hex(65) 的值为'0x41'，那么表达式 '\x41b' 的值为＿＿＿＿＿＿＿＿＿＿。

3. 已知 formatter = 'good {0}'.format，那么表达式 list(map(formatter, ['morning'])) 的值为＿＿＿＿＿＿＿＿＿＿。

4. 表达式':'.join('hello world.'.split()) 的值为＿＿＿＿＿＿＿＿＿＿。

5. 字典对象的＿＿＿＿＿＿＿＿方法返回字典中的"键值对"列表。

6. 字典对象的＿＿＿＿＿＿＿＿方法返回字典的"键"列表。

7. 字典对象的＿＿＿＿＿＿＿＿方法返回字典的"值"列表。

8. 使用切片操作在列表对象 x 的开始处增加一个元素 3 的代码为＿＿＿＿＿＿＿＿。

9. 假设有列表 a = ['name', 'age', 'sex'] 和 b = ['Tan', 48, 'Male']，请使用一个语句将这两个列表的内容转换为字典，并且以列表 a 中的元素为"键"，以列表 b 中的元素为"值"，这个语句可以写为＿＿＿＿＿＿＿＿。

10. list(map(str, [1, 2, 3])) 的执行结果为＿＿＿＿＿＿＿＿。

11. 表达式 {1, 2, 3, 4} - {3, 4, 5, 6} 的值为＿＿＿＿＿＿＿＿。

12. 表达式 set([1, 1, 2, 3]) 的值为＿＿＿＿＿＿＿＿。

13. 已知 vec = [[1,2], [3,4]]，则表达式 [col for row in vec for col in row] 的值为＿＿＿＿＿＿＿＿＿＿。

14. 已知 vec = [[1,2], [3,4]]，则表达式 [[row[i] for row in vec] for i in range(len(vec[0]))] 的值为＿＿＿＿＿＿＿＿。

15. 已知字典 x = {i:str(i+3) for i in range(3)}，那么表达式 sum(x) 的值为＿＿＿＿＿＿。

16. 已知字典 x = {i:str(i+3) for i in range(3)}，那么表达式 ''.join(x.values()) 的值为＿＿＿＿＿＿＿＿＿＿。

17. 已知字典 x = {i:str(i+3) for i in range(3)}，那么表达式 sum(item[0] for item in x.items()) 的值为＿＿＿＿＿＿＿＿。

18. 已知字典 x = {i:str(i+3) for i in range(3)}，那么表达式 ''.join([item[1] for item in x.items()]) 的值为＿＿＿＿＿＿＿＿。

19. 已知列表 x = [1, 3, 2]，那么表达式 [value for index, value in enumerate(x) if index==2] 的值为＿＿＿＿＿＿＿＿。

20. 表达式 list(filter(int, [0, 1, 2])) 的值为＿＿＿＿＿＿＿＿。

21. 切片操作 list(range(6))[::2] 的执行结果为＿＿＿＿＿＿＿＿。

22. 表达式 isinstance('Hello world', str) 的值为＿＿＿＿＿＿＿＿。

23. 表达式 type('3') in (int, float, complex) 的值为＿＿＿＿＿＿＿＿。

24. 表达式 type(3) == int 的值为＿＿＿＿＿＿＿＿。

25. 表达式 int('123', 16) 的值为＿＿＿＿＿＿＿＿。

26. 表达式 int('123', 8) 的值为＿＿＿＿＿＿＿＿。

27. 表达式 int('123')的值为_____。

28. 表达式 int('101',2)的值为_____。

29. 表达式 abs(-3)的值为_____。

30. 表达式 int(4**0.5)的值为_____。

四、实践操作题

1. 依次输入六个整数放在一个列表中，请把这六个数由小到大输出。

2. 列表 ls 中存储了我国 39 所 985 高校所对应的学校类型，请以这个列表为数据变量，完善 Python 代码，统计输出各类型的数量。

```
ls = ["综合","理工","综合","综合","综合","综合","综合","综合","综合","综合",\
    "师范","理工","综合","理工","综合","综合","综合","综合","综合","理工",\
    "理工","理工","理工","师范","综合","农林","理工","综合","理工","理工",\
    "理工","综合","理工","综合","综合","理工","农林","民族","军事"]
```

3. 编写一个程序来计算输入单词的频率，按字母顺序对键进行排序后输出。

输入为：New to Python or choosing between Python 2 and Python 3 Read Python 2 or Python3

4. 使用给定的整数 n，编写一个程序生成一个包含(i, i*i)的字典，该字典包含 1 到 n 之间的整数（两者都包含）。然后程序应该打印字典。假设向程序提供以下输入：8，则输出为 {1:1, 2:4, 3:9, 4:16, 5:25, 6:36, ,7:49, 8:64}。

5. 使用列表生成式随机产生 10 个两位的正整数，存入列表 ls 中，输出 ls 中的这 10 个随机数，然后对这 10 个随机数求平均值，并输出统计高于平均值的数有多少个。

6. 编写一个接收句子并计算字母和数字的程序。假设为程序提供了以下输入：Hello world! 123。然后，输出应该是：字母 10、数字 3。

第5章 Python 函数计算

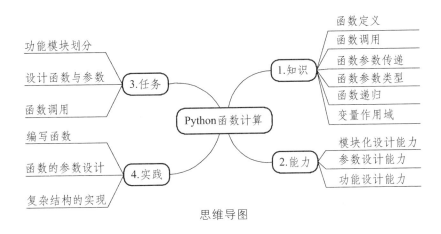

思维导图

5.1 函数的定义和调用

函数（Function）在程序设计语言中应用非常广泛，在 Python 中也是如此。在前面章节中已经接触过很多内置函数，比如 input()、print()、range() 和 len() 等，这些内置函数可以直接使用。除了内置函数外，还可以自定义函数。如果在程序设计时，需要某段程序执行多次，为了提高编写效率以及代码可重用，把具有独立功能的代码块组织为一个小模块就是函数。函数可以达到一次编写、多次调用的目的。定义函数的格式如下：

def 函数名()：
　　　代码

说明：def 是关键字，小写，是 define 的前三个字母。函数名取名要符合标识符的定义，尽量见名知义。函数名不能重复，如果重名，后定义的函数会覆盖先定义的函数。函数内容以冒号起始，并有强制缩进位。一个函数只有 return 才可以返回数据，在计算中根据函数功能决定需不需要返回值。在函数中，可以有多个 return 语句，但是只要执行到一个 return 语句，那么函数的调用就完成了。

在调用函数时，如果需要把一些数据一起传递过去，被调用函数就需要用参数来接收。参数列表中变量的个数根据实际传递的数据的多少来确定。

例 5.1　定义一个函数，能够完成打印个人信息的功能。

```
def    printInfo():
       name='zhangsan'
       qq=88888888
       tel='159xxxxxxx1'
```

```
    address='湖北武汉市 xxxx'
    print('=================================')
    print('姓名:%s'%name)
    print('QQ:%d'%(qq))
    print('手机号:%s'%tel)
    print('公司地址:%s'%address)
    print('=================================')
printInfo()   #调用函数
```

定义了函数之后，就相当于有了一个具有某些功能的代码，想要让这些代码能够执行，则需要调用它。调用函数很简单，通过函数名()即可完成调用。

5.2 函数的参数

5.2.1 形参与实参

定义函数时小括号中的参数，是用来接收参数用的，称为"形参"；调用时小括号中的参数，是用来传递给函数用的，称为"实参"。形参是实参的副本，它们的引用虽然一样，但却不是同一个对象。先看一个简单的函数加法的例子：

```
def add2num(a,b):
    c=a+b
    return c
num1 = int(input('请输入第 1 个数：'))
num2 = int(input('请输入第 2 个数：'))
print('sum=',add2num(num1, num2))
```

函数返回值，就是程序中函数完成一件事情后，最后给调用者的结果。想要在函数中把结果返回给调用者，需要在函数中使用 return。函数返回的值可以是任意形式的类型，包括数字、字符串、列表、元组、字典等。一旦使用了 return，函数后面的部分将不再执行；若在函数中没有使用 return，返回的将是一个 None 对象。

Python 允许函数返回多个值，其原理是将多个值组成一个元组，如：

```
def divid(a, b):
    shang = a // b
    yushu = a % b
    return shang, yushu
print(divid(11,3))   #显示（3，2）
```

例 5.2　输入一个字符串，自定义 str_len() 函数，求字符串的长度。

```
def str_len(str):   #自定义 str_len() 函数
    length = 0
    for c in str:
        length = length + 1
```

```
        return length
#调用自定义的 str_len() 函数

len = str_len("http://www.python.org/")

print(len)
#再次调用 str_len() 函数

len = str_len("I love python!")

print(len)
```
运行结果如图 5.1 所示。

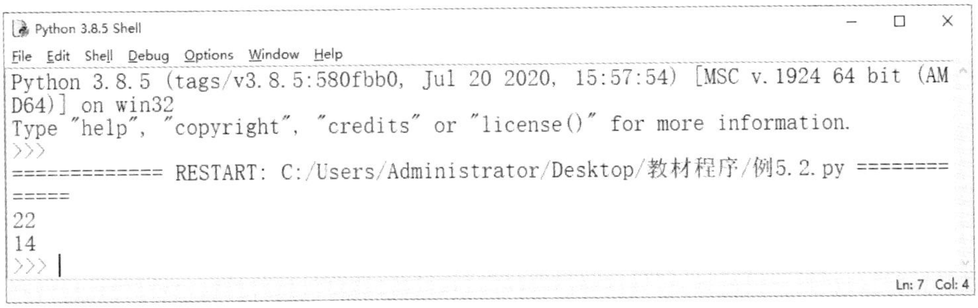

图 5.1　自定义函数

函数有没有参数，有没有返回值可以相互转化。定义函数时，可以根据实际功能需求来设计，所以不同开发人员编写的函数类型可能各不相同，有时可以互相转化，把有参函数转化为无参函数，把有返回值的函数转化为无返回值的函数，反之亦然。

思考： 如何把例 5.2 转化为无参无返回值的函数。

例 5.3　编写一个函数，判断一个数是否为素数，调用该函数输出 100 以内的素数。

```
def prime(a):
    b=int(a**0.5)+1 #平方根加 1
    for i in range(2,b+1):
        if a%i==0:
            return False
            break
    if i==b:
        return True
result=[2]
for a in range(2,100):
    if prime(a):
        result.append(a)
print(result)
```

5.2.2　函数参数类型

1. 位置参数

位置参数就是函数调用时传入的实参要与函数定义时的形参位置（先后顺序）一一对应，

一般适用于参数较少的函数，函数在调用时易于知道函数中参数的位置及意义，如：

```
def add3(x, y, z): # x,y,z 是必选参数
        result=x*y+z
        return result
print(add3(1,2,3))
print(add3(3,1,2))
```

2. 关键字参数

关键字参数是指在函数调用时使用键值对的方式传递参数的值。当函数中的参数较多，且在每次调用时，参数的顺序较多，不方便记忆，此时建议使用关键字参数的方式进行传参，如：

```
def add3(x, y, z):   # x,y,z 是必选参数
        result=x+y+z
        return result
print(add3(x=1,y=2,z=3))   #等价 add3(1,2,3)
print(add3(z=3,y=2, x=1))   #等价 add3(1,2,3)
```

3. 默认参数

默认参数是位置参数和关键字参数的结合形式，默认参数必须放在最后，其他参数按照位置参数的规则进行传递。大多情况下，当函数在调用时，某些参数的值不变，此时为了方便，不用每次对这些值进行传值，可以默认为固定的值，有且当需要更改时才进行传值，这些固定的值即为默认参数，如：

```
def add3(x, y=2, z=3):   # x 是必选参数, y,z 是可选参数
        result=x+y+z
        return result
print(add3(1)   #等价 add3(1,2,3)
print(add3(1,4))   #等价 add3(1,4,3)
print(add3(1,4,6))
```

注意：带有默认值的参数一定要位于参数列表的最后面，即默认顺序只能从右到左。

4. 可变长度参数

这种模式是参考了位置参数和关键字参数进一步得到的，通过元组来存放事先未知的类似位置参数的参数，通过字典来存放事先未知的键值对（关键字参数）。可变长度参数适用于某些复杂的程序；某些函数的参数数量不能事先确定时，此时就可以定义成可变长度参数形式，如：

```
def add(*p):   # p 必须是元组
     result=0
     for i in p:
            result=result+i
     return result
```

```
print(add(1,2,3)) # 7
print(add(1,2,3,4)) # 10
print(add(1,2,3,4,6)) # 16
```

又如：

```
def add(**p):    # p 必须是字典，形如 key=value 的参数
    result=0
    for i in p.values():
        result=result+i
    return result
print(add(a=1,b=2,c=3,d=4))    #10
print(add(x=1,y=2,z=3,m=4,n=5))    #15
```

例 5.4 编写函数判断三边能否构成三角形，输入三边，如是三角形则求面积。

```
import math
def tri_area(x,y,z):
# 海伦公式  p=(x+y+z)/2 ,s=sqrt(p*(p-x)(p-y)(p-z))
    if(x+y>z and x+z >y and z+y>x):
        p=(x+y+z)/2
        temp=p*(p-x)*(p-y)*(p-z)
        s=math.sqrt(temp)
        print("三角形面积为：",s)
    else:
        print("对不起，您输入的边长大小不能构成三角形！")
a=float(input("请输入第一条边：",))
b=float(input("请输入第二条边：",))
c=float(input("请输入第三条边:",))
tri_area(a,b,c)
```

5.3 函数嵌套与递归

函数嵌套与递归是科学计算中定义函数的重要技术和手段。嵌套与递归方法通常把一个大的复杂问题层层转化为一个或多个与原问题相似的规模较小的问题，只需少量的代码就可以完成多次重复计算，大大减少了代码量。

5.3.1 嵌套函数

一个函数里面又调用了另外一个函数，这就是函数嵌套调用，如：

```
def testB():
    print('---- testB start----')
    print('这里是 testB 函数执行的代码...(省略)...')
    print('---- testB end----')
```

```
def testA():
    print('---- testA start----')
    testB()
    print('---- testA end----')


testA()
```
运行结果如图 5.2 所示。

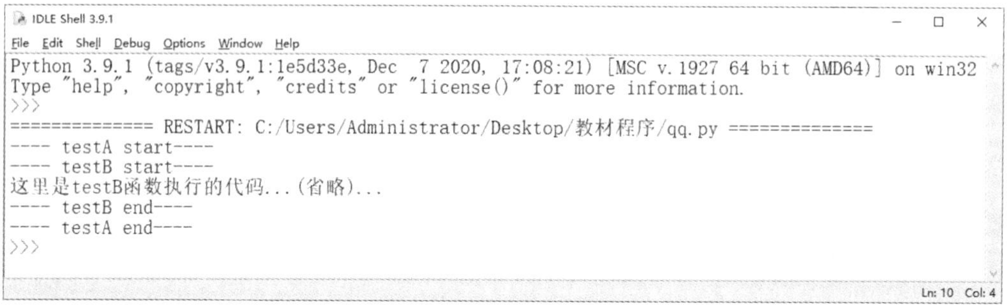

图 5.2　函数嵌套调用

　　如果函数 A 中，调用了另外一个函数 B，那么先把函数 B 中的任务都执行完毕之后才会回到上次函数 A 执行的位置。

5.3.2　递归函数

　　通过前面的学习知道一个函数可以调用其他函数，如果一个函数在内部不是调用其他函数，而是调用自己本身，这个函数就是递归函数。如计算阶乘 n! = 1 * 2 * 3 *…* n，方案 1 是非递归设计，方案 2 是递归设计。

解决方案 1：

```
def factorial(num):
i=1
result =1
while i<=num:
    result *= i
    i +=1
return result
print(factorial(3))
```

解决方案 2：

```
def factorial(num):
        if (num> 1):
                result = num * factorial(num - 1)
        else:
                result = 1
        return result
```

```
print(factorial(3))
```

例 5.5 输入整数 n，用递归的方法求 1！+2！+3！+4！+5！+…+n！。

```
def factorial(n):
    result=0
    if n==1:
        return n    # 阶乘为 1 的时候，结果为 1
    n = n*factorial(n-1)    # n! = n*(n-1)!
    result+=n    # 阶乘之和
    return result
num=int(input("请输入整数 n:"))
print(factorial(num))
```

例 5.6 根据斐波那契数列 1、1、2、3、5、8、13、21、34…，用递归的方法计算出第 n 个数。

```
def fabonacci(n):
    if n <= 2:
        result = 1
        return result
    result = fabonacci(n-1)+fabonacci(n-2) # 第三个数是前两个数之和
    return result
n=int(input("请输入整数 n:"))
print(fabonacci(n))
```

5.4 匿名函数

用 lambda 关键词能创建小型匿名函数，这种函数省略了用 def 声明函数的步骤。lambda 函数的语法只包含一个语句，如下：

lambda [arg1 [,arg2,.....argn]]: expression ，其中 arg1,.....argn 是可选参数，如：

```
sum = lambda a, b:a + b
print(sum(10, 20)) # 调用 sum 函数

print(sum(20, 20))
```
运行结果：

```
30

40
```

注意：lambda 函数能接收任何数量的参数，但只能返回一个表达式的值。匿名函数的应用场合大部分是将函数作为参数传递，如：

1. 自己定义函数

```
def fun(a, b, opt):
    print("a =", a)
```

```
        print("b =", b)
print("result =", opt(a, b))
fun(1, 2, lambda x, y: x + y)
```
运行显示：
```
a = 1
b = 2
result = 3
```

2. 作为内置函数的参数

想一想，下面的数据如何指定按 age 或 name 排序？

```
students= [
    {"name": "Tom", "age": 18},
    {"name": "James", "age": 19},
    {"name": "Alice", "age": 17}
]
```

按 name 排序：

```
students.sort(key = lambda x:x['name'])
print(students )
```

运行显示：

```
[{'name': 'Alice', 'age': 17}, {'name': 'James', 'age': 19}, {'name': 'Tom', 'age': 18}]
```

按 age 排序：

```
students.sort(key = lambda x:x['age'])
print(students)
```

运行显示：

```
[{'name': 'Alice', 'age': 17}, {'name': 'Tom', 'age': 18}, {'name': 'James', 'age': 19}]
```

5.5 变量的作用域

在函数内部定义的变量称为局部变量，不同的函数，可以定义相同名字的局部变量，但是各用各的，不会产生影响。局部变量的作用是为了在函数中临时保存数据。

```
def test1():
    a=200    # 局部变量
    print("test1():a=%d"%a)
def test2():
    a=100    # 局部变量
    print("test2():a=%d"%a)
test1()   # test1():a=200
test2()   # test2():a=100
```

如果一个变量既能在 A 函数中使用，也能在 B 或者其他函数中使用，这就需要全局变量。

全局变量就是在函数外边定义的变量。全局变量能够在所有的函数中进行访问，如果在函数中修改全局变量，那么就需要使用 global 进行声明，否则出错。如果全局变量和局部变量名字相同，优先使用局部变量，如：

```
a = 100    # a 是全局变量，作用域从此开始。

def test1():
    a=200   # a 是局部变量，作用域从此开始，屏蔽全局变量 a

    a+=1

    print(a)   #a=201
test1()
print(a)   #a=100
```

又如：

```
a = 100   #定义全局变量

def test1():
    global a   #声明全局变量，不声明会报错。

    a+=1

    print(a)   #a=101
test1()
print(a) #a=101
```

在一个函数中定义的变量，只能在本函数中使用（局部变量），在函数外定义的变量，可以在所有的函数中使用（全局变量）。

 练习题

一、选择题

1. 以下关于函数的描述，错误的是（　　　）。

　　A. 函数是一种功能抽象。

　　B. 使用函数的目的只是为了增加代码复用。

　　C. 函数名可以是任何有效的 Python 标识符。

　　D. 使用函数后，代码的维护难度降低了。

2. 以下程序的输出结果是（　　　）。

```
def test( b = 2, a = 4):
    global z
    z += a * b
    return z
z = 10
print(z, test())
```

A. 18 None   B. 10 18   C. UnboundLocalError   D. 18 18

3. 以下程序的输出结果是（   ）。

```
def hub(ss, x = 2.0,y = 4.0):
        ss += x * y
ss = 10    #无返回值
print(ss, hub(ss, 3))
```

    A. 22.0 None   B. 10 None   C. 22 None   D. 10.0 22.0

4. 在 Python 中，关于全局变量和局部变量，以下选项中描述不正确的是（   ）。

    A. 一个程序中的变量包含两类：全局变量和局部变量。

    B. 全局变量不能和局部变量重名。

    C. 全局变量一般没有缩进。

    D. 全局变量在程序执行的全过程有效。

5. 以下选项中，对递归程序的描述错误的是（   ）。

    A. 书写简单   B. 递归程序都可以有非递归编写方法

    C. 执行效率高   D. 一定要有基例

6. 关于 lambda 函数，以下选项中描述错误的是（   ）。

    A. lambda 不是 Python 的保留字。

    B. lambda 函数也称为匿名函数。

    C. lambda 函数将函数名作为函数结果返回。

    D. 它定义了一种特殊的函数。

7. 以下选项中，对函数的定义错误的是（   ）。

    A. def vfunc(*a,b):   B. def vfunc(a,b):

    C. def vfunc(a,*b):   D. def vfunc(a,b=2):

8. 关于函数的参数，以下选项中描述错误的是（   ）。

    A. 可选参数可以定义在非可选参数的前面。

    B. 一个元组可以传递给带有星号的可变参数。

    C. 在定义函数时，可以设计可变数量参数，通过在参数前增加星号(*)实现。

    D. 定义函数时，如果参数有默认值，可在定义函数时直接为这些参数指定默认值。

9. 关于函数，以下选项中描述错误的是（   ）。

    A. 函数名称不可赋给其他变量。

    B. 函数也是一个对象。

    C. 函数也是数据。

    D. 函数被调用后语句才执行。

10. 关于函数的关键字参数使用限制，以下选项中描述错误的是（   ）。

    A. 关键字参数必须位于位置参数之前。

    B. 不得重复提供实际参数。

    C. 关键字参数必须位于位置参数之后。

    D. 关键字参数顺序无限制。

二、判断题

1.（　　）定义函数时，即使该函数不需要接收任何参数，也必须保留一对空的圆括号表示这是一个函数。

2.（　　）编写函数时，一般建议先对参数进行合法性检查，然后再编写正常的功能代码。

3.（　　）一个函数如果带有默认值参数，那么必须所有参数都设置默认值。

4.（　　）定义 Python 函数时必须指定函数返回值类型。

5.（　　）函数中必须包含 return 语句。

6.（　　）不同作用域中的同名变量之间互相不影响，也就是说，在不同的作用域内可以定义同名的变量。

7.（　　）全局变量会增加不同函数之间的隐式耦合度，从而降低代码的可读性，因此应尽量避免过多使用全局变量。

8.（　　）函数内部定义的局部变量当函数调用结束后被自动删除。

9.（　　）在函数内部直接修改形参的值并不影响外部实参的值。

10.（　　）在同一个作用域内，局部变量会隐藏同名的全局变量。

三、填空题

1. Python 中定义函数的关键字是＿＿＿＿＿＿＿＿＿＿＿。

2. 在函数内部可以通过关键字＿＿＿＿＿＿＿＿＿＿来定义全局变量。

3. 如果函数中没有 return 语句或者 return 语句不带任何返回值，那么该函数的返回值为＿＿＿＿＿＿＿＿＿。

4. 表达式 list(filter(lambda x: len(x)>3, ['a', 'b', 'abcd'])) 的值为＿＿＿＿＿＿＿。

5. 已知 g = lambda x, y=3, z=5: x*y*z ，则语句 print(g(1)) 的输出结果为＿＿＿＿＿。

6. 表达式 list(map(lambda x: len(x), ['a', 'bb', 'ccc'])) 的值为＿＿＿＿＿＿＿。

7. 已知函数定义 def func(*p):return sum(p)，那么表达式 func(1,2,3, 4) 的值为＿＿＿＿＿。

8. 已知函数定义 def func(**p):return sum(p.values())，那么表达式 func(x=1, y=2, z=3) 的值为＿＿＿＿＿＿。

9. 已知函数定义 def func(**p):return ''.join(sorted(p))，那么表达式 func(x=1, y=2, z=3)的值为＿＿＿＿＿＿＿。

10. 已知函数定义 def demo(x, y, op):return eval(str(x)+op+str(y))，那么表达式 demo(3, 5, '*')的值为＿＿＿＿＿＿＿＿＿。

四、实践操作题

1. 编写函数，判断输入的三个数字是否能构成三角形的三条边。

2. 编写函数，求两个正整数的最小公倍数。

3. 编写函数，判断一个数字是否为素数，是则返回 True，否则返回 False，然后调用该函数输出 100～200 以内的所有素数。

## 第 2 篇

应用部分

第6章 Python 科学计算库

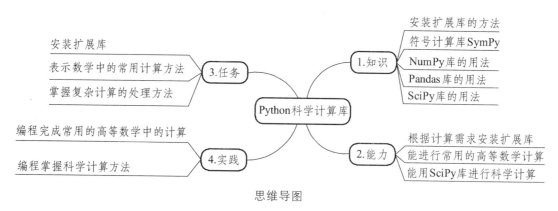

思维导图

Python 作为科学计算的工具，其自身丰富的数据类型如整型、浮点型、复数和组合数据类型已经具备了很强的计算能力，但为了完成更加复杂的计算任务，需要借助第三方库进一步扩展其计算能力。常见的 Python 科学计算库有 SymPy、NumPy、SciPy、Pandas 和 Matplotlib 等，这些库可以进行符号计算、矩阵计算、数据处理、数据可视化等操作。有了这些库，可以把数据处理成需要的格式，本章主要介绍 SymPy、NumPy、SciPy、Pandas 的用法，Matplotlib 库将在第 7 章数据可视化中介绍。

6.1 Python 扩展库的安装

Python 中安装扩展库常用的方式有三种：pip 命令、tar.gz 文件和.whl 文件安装。导入扩展库的前提是先安装好扩展库，直接到官网下载需要的版本，按提示操作即可，不需要过多设置。Python 扩展库的网址为：https://pypi.org，在这里可以搜索和下载各种各样的扩展库。

1. pip 命令安装（需联网）

pip 是一个安装和管理 Python 包的工具，使用命令操作非常方便，省去了手动搜索、查找版本、下载、安装等一系列烦琐的步骤，而且还能自动解决包依赖问题。使用 pip 安装时，需要接入互联网下载安装。一般情况下，在安装 Python 时会自动安装好 pip，如果没有的话就需手动安装。可以通过 pip -V 命令确认是否安装成功，并查看当前 pip 的版本号。

使用 pip 命令安装扩展库非常简单，以 Matplotlib 库为例，安装最新版本的 Matplotlib 库命令为 pip3 install matplotlib，默认获取当前最新版本的安装包进行安装。如安装指定版本的 Django 库，命令为 pip3 install django==1.10.3，使用==指定过去的某个版本，通常是协作开发时跟他人或公司的环境保持一致。查看当前安装的 Matplotlib 库的版本命令为 pip3 show matplotlib，会显示已安装的 Matplotlib 具体版本和安装路径等信息。卸载 Matplotlib 库的命令为 pip3 uninstall matplotlib，只需这一行命令即可将已安装的库卸载掉。

2. tar.gz 文件安装（离线文件安装）

pip 非常方便，但是并不是所有的扩展库都能用 pip 来安装，有的可能只提供了源码压缩包文件，或者有的安装环境不能上网，这时就可以直接用 tar.gz 文件安装。首先需要到 Python 扩展库网址搜索相关的库名，然后找到扩展库页面，单击 Download files，即可看到提供的下载文件，下载 tar.gz 压缩包，在本地解压后，进入文件目录中，执行下列命令即可：

python3   setup.py   install

虽然只有一行命令，但是相比 pip，这种方式还是比较麻烦，尤其是在某个扩展库有很多依赖库时，就更不方便了。

3. .whl 文件安装（离线文件安装）

使用 .whl 扩展名的文件称为 wheel 文件，它实际上是一个 zip 压缩包，专门用于 Python 模块的安装，可以通过 pip 工具中内置的 wheel 子命令来安装。如 matplotlib 也提供了 .whl 文件，直接点击下载到本地，然后执行下列安装命令即可：

pip3 install matplotlib -2.2.2-py3-none-any.whl

通过 pip 命令安装 .whl 文件也要有 pip 环境才能完成。.whl 文件的适用场景和特点与 tar.gz 安装方式类似，在此不再赘述。

6.2   符号计算库 SymPy

符号计算是科学计算中的重要内容，SymPy 是 Python 的一个符号计算库，用一套强大的符号计算体系完成诸如多项式求值、求极限、解方程、求积分、微分方程、级数展开、矩阵运算等计算问题。它是扩展库，使用前需要在线安装：pip3 install SymPy。

SymPy 有三种数值类型：整数、实数和有理数，用两个整数分子与分母来表示一个有理数，如 Rational(1,2)表示 1/2，Rational(5,2)表示 5/2 等。

6.2.1   数学符号处理

1. 常用数学符号与函数

SymPy 库常用数学符号如下：

虚数单位：sympy.I；

自然对数：sympy.E；

无穷大：sympy.oo；

圆周率：sympy.pi。

常用数学函数如下：

求 n 次方根：sympy.root()；

求对数：sympy.log()；

求阶乘：sympy.factorial()；

三角函数：sympy.sin()、sympy.tan()、sympy.cos()等。

2. 符号的初始化

在 SymPy 里进行符号运算之前，必须先定义 SymPy 的符号，这样 SymPy 才能识别该符号。符号的初始化分两种，即 Symbol()和 symbols()。单个符号初始化用 Symbol()方法，如 x = sympy.Symbol('x')；多个符号初始化用 symbols()，如 x,y=sympy.symbols("x y")。

3. 替换符号

Subs 表示替换（Substitution），有两个作用：一是用数值替换符号，代入计算；二是用不同的符号替换，语法为 expression.subs(old,new)，其中 expr 是一个表达式。subs()函数可以把算式中的符号进行替换，它有 3 种调用方式：

expression.subs(x, y)：将算式中的 x 替换成 y。

expression.subs({x:y,u:v})：使用字典进行多次替换。

expression.subs([(x,y),(u,v)])：使用列表进行多次替换。

需要替换表达式中的多个符号时，可以在 subs()里使用字典或列表，如：subs({x:2, y: 3, z:4})，subs([(x,2), (y, 3), (z, 4)])，都表示将 x 替换成 2，y 替换成 3，z 替换成 4。

```
from sympy import *
x, y, z = symbols('x y z')   # 符号化变量

expr = x**2+1
result = expr.subs(x, 2)    # 数值替换
print("原式：", expr)
print("数值计算的结果：", result)
new_expr = expr.subs(x, y+z)   # 符号替换
print("符号替换的结果：", new_expr)
```

运行结果如图 6.1 所示。

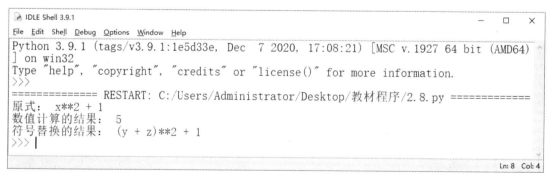

图 6.1　替换符号

4. 表达式计算

表达式计算方法是 evalf(subs=None)，参数 subs 以字典形式表示替换值，该方法相当于

Python 自带的 eval()函数，只是进行的是 float 浮点数运算。

例 6.1 分别求表达式 f(x)=5x+4 (x=6)，f(x,y) =x*x+y*y (x=3,y=4) 的值。

```
import sympy
x=sympy.Symbol('x')   # 定义符号变量
fx=5*x+4
y1=fx.evalf(subs={x:6})   # 使用 evalf 函数传值
print(y1)  # 结果是 34.0000000000000
```

f(x,y) =x*x+y*y (x=3,y=4)是多元表达式。

```
import sympy
x=sympy.Symbol('x')
y=sympy.Symbol('y')
fxy=x*x+y*y
result=fxy.evalf(subs={x:3,y:4})
print(result)  # 结果是 25.0000000000000
```

6.2.2 初等数学计算

在初等数学计算中，常需要对表达式化简与展开、合并同类项、解方程等，如表 6.1 所示。

表 6.1 初等数学计算方法

初等数学计算方法	功能简要描述
simplify()	表达式化简
expand()	表达式展开
together()	代数式的合并
collect()	合并同类项
factor()	因式分解
solve(expr,var)	方程自动求解
apart()	分式裂项
cancel()	分式化简
trigsimp()	三角函数化简
expand_trig()	三角函数展开
powsimp()	指数化简
expand_power_exp()	指数展开
expand_power_base()	基底展开
expand_log()	对数展开
logcombine()	对数合并

1. 表达式化简、展开与合并

表达式化简用 simplify()方法，展开用 expand()方法，合并同类项用 collect()方法，因式分解用 factor()方法，如：

```
from sympy import *
x = Symbol('x')
y = Symbol('y')
z = Symbol('z')
f1 = (2/3)*x**2 + (1/3)*x**2 + x + x + 1
f2 = sin(x)**2 + cos(x)**2
f3= (x+1)**2
f4 = x*y + x-3 + 2*x**2 - z*x**2 + x**3
f5 = x**3 - x**2 + x-1
print(simplify(f1)) # 1.0*x**2 + 2*x + 1
print(simplify(f2))   # 1
print(expand(f3))   # x**2 + 2*x + 1
print(collect(f4, x))   # x**3 + x**2*(2-z) + x*(y + 1) - 3
print(factor(f5))   # (x - 1)*(x**2 + 1)
```

表达式化简和展开除了通用的 simplify()和 expand()方法外，对于具体的式子类型还有其对应的方法，如分式化简 cancel()方法，能把分式约到最简形式；分式裂项 apart()方法，能将一个分式分解为几个分式的和、差，且是最简形式；三角函数化简 trigsimp()方法；三角函数展开 expand_trig()方法；指数化简 powsimp()方法，可以合并指数和合并基底；同样还有指数展开 expand_power_exp()方法、基底展开 expand_power_base()方法、对数展开 expand_log()方法、对数合并 logcombine()方法，具体用法请参考相关文档。

2. 方程求解

方程求解用 solve()方法，先把方程式变成函数式再求解，参数为函数式和自变量，如分别解方程 $3x+9=0$ 和 $3x+y^2=4$，则先写成函数式 $f_1=3x+9$ 和 $f_2=3x+y^2-4$，然后把函数作为参数调用 solve()方法求解，程序如下：

```
import sympy
x=sympy.Symbol('x')  # 定义符号变量
y=sympy.Symbol('y')
f1=x*3+9  # 解方程，有确定解
f2=x*3+y**2-4  # 解不定方程，有无穷多个解
f3=x+y-3  # 解方程组
f4=x-y+5  # 解方程组
print(sympy.solve(f1,x))   # [-3]
print(sympy.solve(f2,x,y))   # [(4/3 - y**2/3, y)]
print(sympy.solve([f3,f4],[x,y]))   # {x: -1, y: 4}
```

注意求解结果的表达形式，表示单个方程的解用列表，表示方程组的解用字典。

6.2.3 高等数学计算

微积分是高等数学里非常重要的学习内容，如求极限、导数、微分、不定积分、定积分等都是可以使用 SymPy 来运算的，常用计算方法如表 6.2 所示。

表 6.2 高等数学计算方法

高等数学计算方法	功能简要描述
limit(function, variable, point)	求极限
diff(func, var)	微分
diff(func, var, n)	高阶微分
dsolve()	计算微分方程
intergrate()	积分计算
series(var, point, order)	级数展开

1. 求极限

求极限用 limit() 方法，参数为函数名、自变量名、自变量取值。limit() 方法也可以作为普通的代入化简求值，如：

```
import sympy
x=sympy.Symbol('x')    #定义符号变量

a=sympy.Symbol('a')
f1 = (x+1)**2 + 1
f2 = sympy.sin(x)/x
print(sympy.limit(f1, x, a-1))    # 参数为函数名、自变量、自变量取值，结果为 a**2 + 1
print(sympy.limit(f2, x, 0))    # 同上，结果为 1
```

2. 函数求微分

函数求微分用 diff() 方法，参数是函数名与变量名，如：

```
import sympy
x=sympy.Symbol('x')
f1=2*x**4+3*x+6
f1_=sympy.diff(f1,x)    #参数是函数与变量
print(f1_)    # 结果是 8*x**3 + 3

f2=sympy.sin(x)
f2_=sympy.diff(f2,x)
print(f2_)    #结果是 cos(x)


y=sympy.Symbol('y')
f3=2*x**2+3*y**4+2*y
f3_x=sympy.diff(f3,x)    #对 x 求偏导
f3_y=sympy.diff(f3,y)    #对 y 求偏导
```

```
print(f3_x)    # 结果是 4*x
print(f3_y)    # 结果是 12*y**3 + 2
```

3. 积分计算

积分计算用 intergrate()方法，求定积分时，有两个参数，第 1 个参数为函数，第 2 个参数为积分变量和范围的元组。求不定积分时，参数也是两个，分别是函数和积分变量。如求定积分 $\int_0^1 2x\mathrm{d}x$ 和不定积分 $\int(3x^2+1)\mathrm{d}x$，程序如下：

```
import sympy
x=sympy.Symbol('x')
f1=2*x
f2 = 3*x**2 + 1
result=sympy.integrate(f1,(x,0,1))   #求定积分
print(result)   #结果为 1
print(sympy.integrate(f2, x))   #求不定积分，结果为 x**3 + x
```

例 6.2   求 $\lim_{n\to\infty}\left(1+\dfrac{1}{n}\right)^n$（无穷大用 sympy.oo 表示）。

```
import sympy
n=sympy.Symbol('n')    # 定义变量与函数
f=(1+1/n)**n
lim1=sympy.limit(f,n,sympy.oo)    # 三个参数是函数、变量、趋向值
print(lim1)    # 结果是 E
```

6.3   NumPy 库

NumPy（Numeric Python）是 Python 语言的一个扩展库，支持数组与矩阵运算，针对数组运算提供大量的数学函数库，具有快速处理多维数组的能力。NumPy 利用 C 语言实现对数组的操作，明显提高了程序的计算速度，是一个运行速度非常快的数学库，主要包含功能强大的 N 维数组对象 ndarray，具备广播功能、整合 C/C++/Fortran 代码的工具及线性代数、傅里叶变换、随机数生成等功能。

6.3.1   ndarray 数组

Python 中用列表保存一组值，可把列表当数组使用，另外，Python 中有 array 模块，但不支持多维数组。无论是列表还是 array 模块，都没有科学计算函数，不适合做矩阵等科学计算。NumPy 没有使用 Python 本身的数组机制，而是提供了 ndarray 对象，该对象不仅能方便地存取数组，而且拥有丰富的数组计算函数。

ndarray 表示 N 维数组对象（矩阵），所有元素必须是相同类型。ndarray 数组下标从 0 开始，一个 ndarray 数组中的所有元素的类型必须相同。每一个线性数组称为一个轴（axis），也就是维度（dimensions）。比如，二维数组相当于两个一维数组，其中第 1 个一维数组中每个元素又是一个一维数组，所以一维数组就是 ndarray 中的轴，第 1 个轴（也就是第 0 轴）

相当于是底层数组，第 2 个轴（也就是第 1 轴）是底层数组里的数组。很多时候可以声明 axis。axis=0 表示沿着第 0 轴进行操作，即对每一列进行操作；axis=1 表示沿着第 1 轴进行操作，即对每一行进行操作。

ndarray 数组的秩（rank）指维数，一维数组的秩为 1，二维数组的秩为 2，以此类推，即轴的个数。ndarray 数组的基本属性有：

ndarray.ndim：秩。

ndarray.shape：维度，是一个元组，表示数组在每个维度上的大小。如一个二维数组，其维度表示"行数"和"列数"。该元组的长度即为秩。

ndarray.size：元素总个数，等于 shape 属性中元组元素的乘积。

ndarray.dtype：元素类型。

1. ndarray 数组的创建

创建 ndarray 数组对象的方法是 numpy.array()，如：

```
import numpy as np    # 导入模块 NumPy，并简写成 np
x = np.array([1,2,3,4])   # 创建一维数组
y=np.array([[1.,2.,3.],[4.,5.,6.]])   # 定义了一个二维数组，大小为（2，3）
print("x=",x)
print("y=",y)
```

运行结果如图 6.2 所示。

```
IDLE Shell 3.9.1                                              —    □    ×
File  Edit  Shell  Debug  Options  Window  Help
Python 3.9.1 (tags/v3.9.1:1e5d33e, Dec  7 2020, 17:08:21) [MSC v.1927 64 bit (AMD64)
] on win32
Type "help", "copyright", "credits" or "license()" for more information.
>>>
============== RESTART: C:/Users/Administrator/Desktop/教材程序/666.py ==============
x= [1 2 3 4]
y= [[1. 2. 3.]
 [4. 5. 6.]]
>>>
                                                                  Ln: 8  Col: 4
```

图 6.2 创建 ndarray 数组

如果进一步观察数组 y 的属性，代码如下：

```
print(y.ndim)   # 数组维数 2
print(y.shape)   # 数组的维数，返回(2, 3)
print(y.size)    # 数组元素的总数 6
print(y.dtype)   # 数组元素类型 float64，64 位浮点型
print(y.itemsize)   # 每个元素占有的字节大小 8
print(y.data)   # 数组元素的缓冲区 <memory at 0x0000013D2A9852B0>
```

也可以通过列表或元组变量创建数组对象，如：

```
import numpy as np
x = [1,2,3]   # x 为列表，也可以为元组(1,2,3)
```

```
a = np.array(x)
print (a)   # ndarray 对象[1 2 3]

print(type(a))   # <class 'numpy.ndarray'>
```

还有两种创建序列数组的方法，分别是 arrange()和 linspace()方法。与 range()方法类似，arange(a,b,c)参数分别表示开始值、结束值、步长。linspace(a,b,c)参数分别表示开始值、结束值、元素个数，还可以调用其自身的方法 reshape()指定形状，如：

```
import numpy as np
print(np.arange(12).reshape(3,4))   # 指定 3 行 4 列

print(np.arange(2,10,2))

print(np.arange(0,1,0.2))

print(np.linspace(0,2,8))   #  0~2 之间生成 8 个数字
```

运行结果如图 6.3 所示。

```
IDLE Shell 3.9.1                                                  —    □    ×
File  Edit  Shell  Debug  Options  Window  Help
Python 3.9.1 (tags/v3.9.1:1e5d33e, Dec  7 2020, 17:08:21) [MSC v.1927 64 bit (AMD64)
] on win32
Type "help", "copyright", "credits" or "license()" for more information.
>>>
================ RESTART: C:/Users/Administrator/Desktop/程序/111.py ==============
[[ 0  1  2  3]
 [ 4  5  6  7]
 [ 8  9 10 11]]
[2 4 6 8]
[0.  0.2 0.4 0.6 0.8]
[0.          0.28571429 0.57142857 0.85714286 1.14285714 1.42857143
 1.71428571 2.        ]
>>> |
                                                                        Ln: 12  Col: 4
```

图 6.3 创建数组

2. 特殊数组

特殊数组有全零数组 zeros、全 1 数组 ones、空数组 empty，数组元素全近似为零，如：

```
import numpy as np
print(np.zeros((4,3)))   #4 行 3 列全 0 数组
```
显示：[[0. 0. 0.]

　　　[0. 0. 0.]

　　　[0. 0. 0.]

　　　[0. 0. 0.]]

```
import numpy as np
print(np.ones((4,3)))   #4 行 3 列全 1 数组
```
显示：[[1. 1. 1.]

　　　[1 . 1. 1.]

　　　[1. 1. 1.]

　　　[1. 1. 1.]]

```
import numpy as np
```

```
print(np.empty((4,3)))   #4 行 3 列未初始化的数组
```
显示：[[6.23042070e-307   3.56043053e-307   1.37961641e-306]

　　　　[2.22518251e-306   1.33511969e-306   1.24610383e-306]

　　　　[1.69118108e-306   8.06632139e-308   1.20160711e-306]

　　　　[1.69119330e-306   1.29062229e-306   1.24610383e-306]]

3. 数组索引

NumPy 数组的每个元素、每行元素、每列元素都可以用索引访问。

```
import numpy as np
c=np.arange(24).reshape(2,3,4) # 依次生成 24 个自然数,并且以 2 个 3 行 4 列的数组形式
显示。
```

```
print(c)
print(c[1,2,:])
print(c[0,1,2])
```
显示如图 6.4 所示。

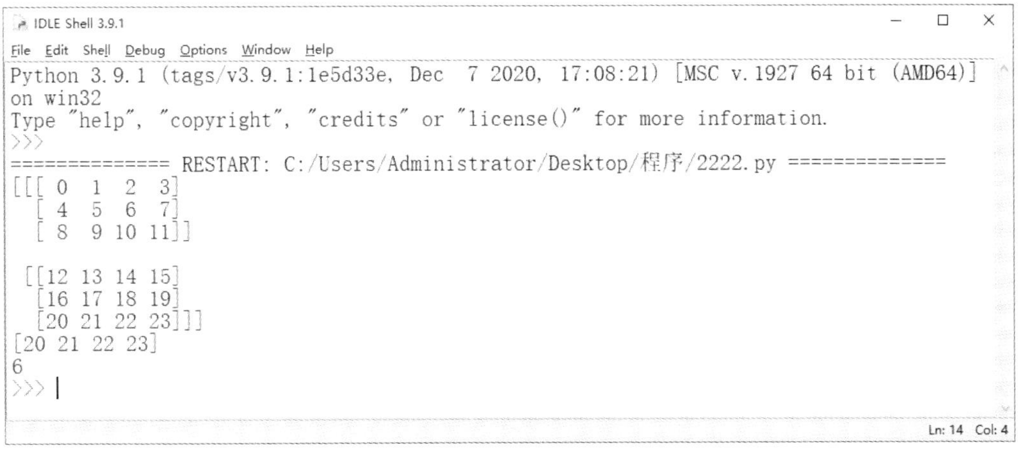

图 6.4　特殊数组

6.3.2　ndarray 数组运算

1. 常用数学函数

NumPy 库提供了类似 math 库的函数操作，常用的数学函数如下：

```
import numpy as np
np.pi            # 圆周率
np.sin(obj)  # 三角运算, obj 表示数组对象, 下同

np.cos(obj)

np.tan(obj)

np.arcsin(obj)    # 反三角运算

np.arccos(obj)

np.arctan(obj)
```

np.degrees(obj)　　　# 将弧度值转换为角度值

np.around(obj, decimals) # 返回 ndarray 每个元素的四舍五入值，decimals 为舍入的小数位数，默认为 0

np.floor(obj)　　　# 向下取整

np.ceil(obj)　　　# 向上取整

np.sum(obj)　　　#求和

np.mod(obj1, obj2)　　# 求余数运算

np.reciprocal(obj)　　　# 元素取倒数

np.power(obj1, obj2)　　# 计算 obj1 为底、obj2 为幂的值

例 6.3　ndarray 数组的算术运算。

```
import numpy as np
a=np.array([20,30,40,50])
aa=np.arange(1,5) #产生 1，2，3，4
print(a/aa)  # 对应元素相除
b=np.arange(4)  #产生 0，1，2，3
c=a-b  #对应元素相减
print(c)
print(b**2)  #b 中元素平方
A=np.array([[1,1],[0,1]])
b=np.array([[2,0],[3,4]])
print(A*b)
print(A.sum())  #A 中元素求和
print(A.min())  #A 中元素最小值
print(A.max())  #A 中元素最大值
```

显示结果如图 6.5 所示。

```
IDLE Shell 3.9.1                                          —    □    ×
File  Edit  Shell  Debug  Options  Window  Help
Python 3.9.1 (tags/v3.9.1:1e5d33e, Dec  7 2020, 17:08:21) [MSC v.1927 64 bit (AM
D64)] on win32
Type "help", "copyright", "credits" or "license()" for more information.
>>>
============== RESTART: C:/Users/Administrator/Desktop/程序/2222.py ============
==
[20.          15.          13.33333333 12.5        ]
[20 29 38 47]
[0 1 4 9]
[[2 0]
 [0 4]]
3
0
1
>>> |
                                                              Ln: 13  Col: 4
```

图 6.5　例题计算结果

2. 逻辑运算

假设 arr 是一个数组，a 是一个数，则 arr > a 返回 arr 中大于 a 的一个布尔值数组。arr[arr>a]：

返回 arr 中大于 a 的数据构成的一维数组。np.all()：括号内全为真则返回真，有一个为假则返回 false。np.any()：括号内全为假则返回假，有一个为真则返回真。np.where()：三元运算符，如 np.where(arr>0, 1, 0)；np.logical_and()：逻辑与运算，括号为一系列表达式；np.logical_or()：逻辑或运算，括号为一系列表达式。

3. 统计运算

统计指标函数有 min()、max()、mean()、median()、var()和 std()等，如果提供了轴，则沿轴计算，axis=0 按列计算，axis=1 按行计算，如：

```
np.min(obj)      # 最小值
np.max(obj)      # 最大值
np.mean()  #元素的算术平均值
np.var()  #计算方差
np.std()  #计算标准差
np.sort(obj, axis=1, kind='quicksort', order)   #kind 表示排序方法，可取 'quicksort'
'mergesort''heapsort'，order 是要排序的字段。
```

例 6.4 ndarray 数组统计计算。

```
import numpy as np
n = np.array([[1, 2, 3],[10, 20, 30],[100, 200, 300]])
print(n.min())  # 1，等价 np.min(n)，下同。
print(n.max())   # 300
print(n.max(axis=0)) #[100 200 300]
print(n.mean())   # 74.0
print(n.sum())   # 666
# 指定所操作的维度，axis=0 按列，axis=1 按行
print(n.sum(axis=0))   # [111 222 333]
print(n.sum(axis=1))   # [  6  60 600]
print(n.var())    #10236.666666666666
print(n.std())    #101.17641358867523
print(n.var(axis=0))  #[ 1998.  7992. 17982.]
print(n.std(axis=0))   #[ 44.69899328  89.39798655 134.09697983]
```

4. 数组的拷贝

数组的拷贝分浅拷贝和深拷贝两种。浅拷贝通过数组变量的赋值完成，深拷贝使用数组对象的 copy()方法。浅拷贝只拷贝数组的引用，如果对拷贝进行修改，源数组也会修改，如：

```
import numpy as np
a=np.ones((2,3))
print(a)
b=a
b[1,2]=2
```

```
print(a)
print(b)
```

显示如图 6.6 所示。

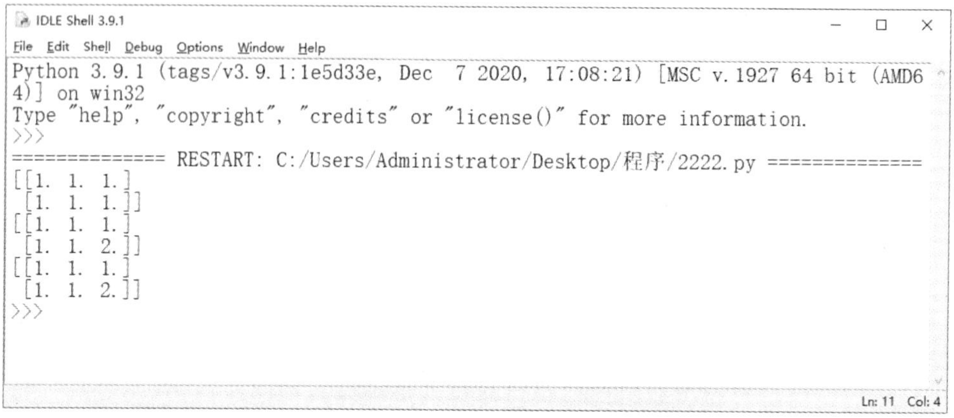

图 6.6　数组的浅拷贝

深拷贝会复制一份和源数组一样的数组，新数组与源数组会存放在不同的内存位置，因此对新数组的修改不会影响源数组，如：

```
import numpy as np
a=np.ones((2,3))
b=a.copy()
b[1,2]=2
print(a)
print(b)
```

显示如图 6.7 所示。

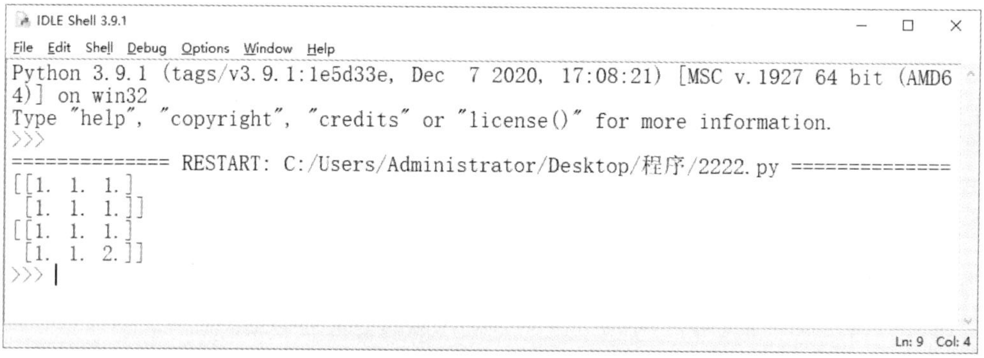

图 6.7　数组的深拷贝

5. 广播机制

NumPy 两个数组的相加、相减以及相乘都是对应元素之间的操作。NumPy 中不同维度的数组是可以进行算术运算的，只要满足广播（broadcasting）机制即可。当两个数组的形状并不相同时，可以通过扩展数组的方法实现相加、相减、相乘等操作，这种机制叫作广播，如：

```
import numpy as np
arr = np.random.randn(4,3)    #shape(4,3)
print(arr)
arr_mean = arr.mean(0)         #shape(3,)
print(arr_mean)
demeaned = arr -arr_mean
print(demeaned)
```
结果显示如图 6.8 所示。

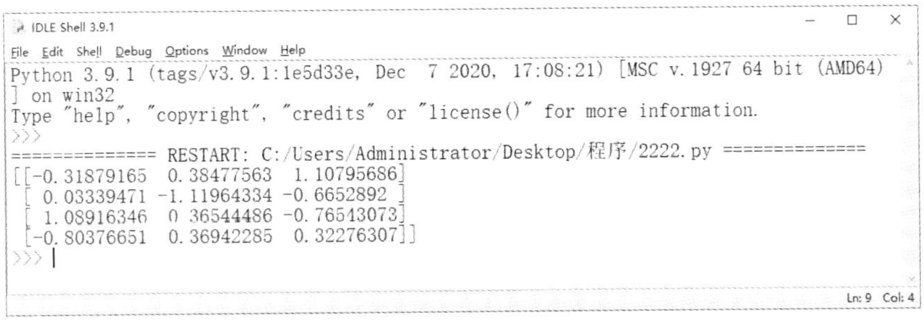

图 6.8　数组的广播

很明显，上式 arr 和 arr_mean 维度并不相同，但是它们可以进行相减操作，这就是通过广播机制来实现的。数组广播必须符合以下原则：

如果两个数组的后缘维度（trailing dimension，即从末尾开始算起的维度）的轴长度相符，或其中一方的长度为 1，则认为它们是广播兼容的。广播会在缺失和（或）长度为 1 的维度上进行。广播主要发生在两种情况：一种是两个数组的维数不相等，但是它们的后缘维度的轴长相符；另外一种是有一方的长度为 1。如：

```
import numpy as np
arr1 = np.array([[0, 0, 0],[1, 1, 1],[2, 2, 2], [3, 3, 3]])    #arr1.shape = (4,3)
arr2 = np.array([1, 2, 3])        #arr2.shape = (3,)
arr_sum = arr1 + arr2
print(arr_sum)
```
结果显示如图 6.9 所示。

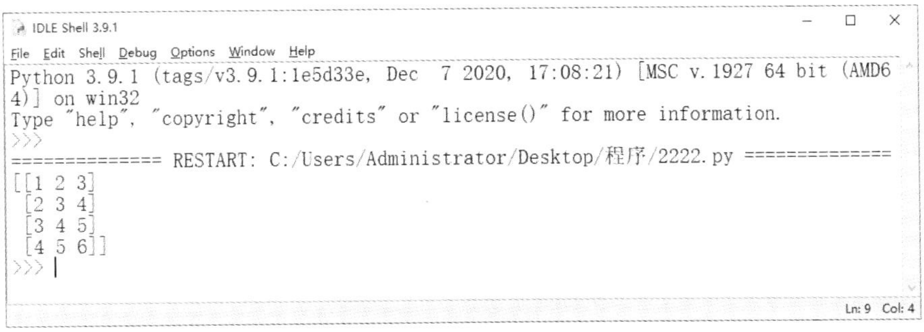

图 6.9　数组广播原则

上例中 arr1 的 shape 为（4,3），arr2 的 shape 为（3，），可以说前者是二维的，而后者是一维的。但是它们的后缘维度相等，arr1 的第二维长度为 3，和 arr2 的维度相同。arr1 和 arr2 的 shape 并不一样，但是它们可以执行相加操作，这就是通过广播完成的，在这个例子当中是将 arr2 沿着 0 轴进行扩展。上面程序当中的广播如图 6.10 所示。

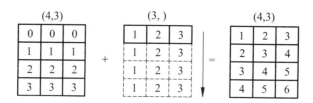

图 6.10 一维数组广播

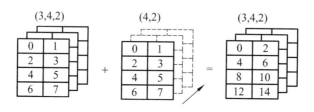

图 6.11 多维数组广播

从图 6.11 中可以看到，（3,4,2）和（4,2）的维度是不相同的，前者为 3 维，后者为 2 维。但是它们后缘维度的轴长相同，都为（4,2），所以可以沿着 0 轴进行广播。同样，还有一些例子：（4,2,3）和（2,3）是兼容的，（4,2,3）还和（3）是兼容的，后者需要在两个轴上面进行扩展，如：

```
import numpy as np
arr1 = np.array([[0, 0, 0],[1, 1, 1],[2, 2, 2], [3, 3, 3]])    #arr1.shape = (4,3)
arr2 = np.array([[1],[2],[3],[4]])        #arr2.shape = (4, 1)
arr_sum = arr1 + arr2
print(arr_sum)
```

显示如图 6.12 所示。

```
IDLE Shell 3.9.1                                                    —    □    ×
File  Edit  Shell  Debug  Options  Window  Help
Python 3.9.1 (tags/v3.9.1:1e5d33e, Dec  7 2020, 17:08:21) [MSC v.1927 64 bit (AMD64)]
on win32
Type "help", "copyright", "credits" or "license()" for more information.
>>>
=============== RESTART: C:/Users/Administrator/Desktop/程序/2222.py ===============
[[1 1 1]
 [3 3 3]
 [5 5 5]
 [7 7 7]]
>>>
                                                                        Ln: 9  Col: 4
```

图 6.12 数组广播后计算

arr1 的 shape 为（4,3），arr2 的 shape 为（4,1），它们都是二维的，但是第二个数组在 1 轴上的长度为 1，所以，可以在 1 轴上面进行广播，如图 6.13 所示。

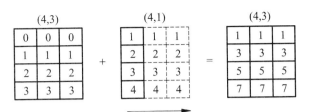

图 6.13　二维数组广播

在这种情况下，两个数组的维度要保证相等，其中有一个轴的长度为 1，这样就会沿着长度为 1 的轴进行扩展。这样的例子还有：（4,6）和（1,6），（3,5,6）和（1,5,6）、（3,1,6）、（3,5,1），后面三个分别会沿着 0 轴、1 轴、2 轴进行广播。还有上面两种结合的情况，如（3,5,6）和（1,6）是可以相加的。在 TensorFlow 当中计算张量的时候也会用广播机制，并且和 NumPy 的广播机制是一样的。

6.3.3　矩阵运算

在数学中，矩阵（Matrix）是一个按照长方阵列排列的复数或实数集合，矩阵是高等代数中的常用工具，也常用于统计分析等应用数学中。矩阵运算在科学计算中非常重要，基本运算包括矩阵的加法、减法、数乘、转置等，下面介绍常用的矩阵计算方法。

1. 求向量的内积（Inner product）

在 NumPy 中，向量被定义为一维数组。向量内积接收两个大小相等的向量，并返回一个数字（标量）。将每个向量中相应的元素相乘然后相加求和，其方法是 np.inner()，如：

```
import numpy as np
a = np.array([1, 2, 3])
b = np.array([4, 5, 6])
print( np.inner(a, b))    # 32
```

2. 求矩阵的点积（Dot product）

在 NumPy 中有两种创建矩阵方法，最常见的使用 ndarray 对象，另一种是使用 matrix 矩阵对象。点积是为矩阵定义的，是两个矩阵中相应元素的乘积的和。为了得到点积，第一个矩阵的列数应该等于第二个矩阵的行数。其方法是 np.dot()，对于 1 维向量而言，np.dot()和 np.inner()相同，如：

```
import numpy as np
a = np.array([[1, 2], [3, 4]])
b = np.array([[5, 6], [7, 8]])
print(type(a))    # <class 'numpy.ndarray'>
c = np.matrix([[1, 2], [3, 4]])
d = np.matrix([[5, 6], [7, 8]])
print(type(c))    # <class 'numpy.matrix'>
print(a * b)    # 对应元素相乘

print(np.dot(a,b))
```

```
print(c * d)   # 矩阵乘法
print(np.dot(c,d))
```
运行结果如图 6.14 所示。

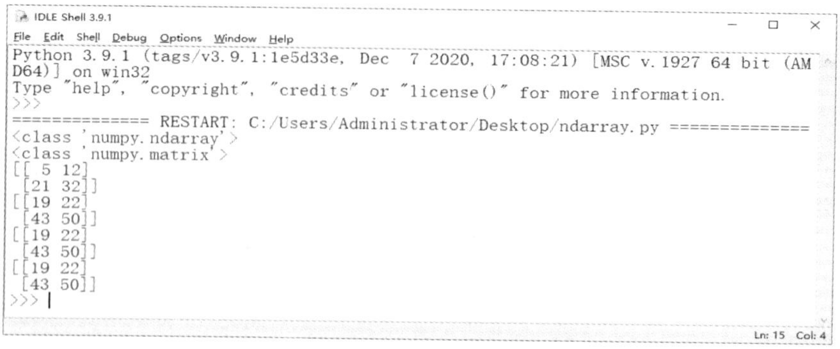

图 6.14　矩阵计算

当使用*操作符将两个 ndarray 对象相乘时，结果是逐元素相乘；当使用*操作符将两个矩阵对象相乘时，结果是点（矩阵）乘积，相当于前面的 np.dot()。

3. 求矩阵的转置（Transpose）

矩阵的转置是通过行与列的交换得到的。使用 np.transpose()、ndarray.transpose()方法或 ndarray.T（不需要括号的特殊方法）求转置，输出的结果相同，如：

```
import numpy as np
a = np.array([[1, 2], [3, 4], [5, 6]])
print(np.transpose(a))
print(a.transpose())
print(a.T)
```
结果都是：[[1 3 5]
　　　　　　[2 4 6]]

4. 求矩阵的迹（Trace）

迹是方阵中对角线元素的和，计算迹有两种方法，使用 ndarray 对象的 trace()方法，或者通过 diagonal()方法得到对角线元素，然后再求和，如：

```
import numpy as np
a = np.array([[1, 2, 3],[4, 5, 6], [7, 8, 9]])
print(a.trace()) # 15
print(sum(a.diagonal())) # 15
```

5. 求矩阵的秩（Rank）

矩阵的秩是由它的行或列张成（生成）的向量空间的维数。换句话说，它可以被定义为线性无关的行向量或列向量的最大个数，使用 numpy.linalg 包中的 matrix_rank()方法计算矩阵的秩，如：

```
import numpy as np
```

```
a = np.arange(1, 10)
a.shape = (3,3)    # 指定 a 为 3 行 3 列
print(a)
rank = np.linalg.matrix_rank(a)
print("Rank:", rank)
```
结果为：[[1 2 3]
　　　　[4 5 6]
　　　　[7 8 9]]
　　　　Rank: 2

6. 求方阵的行列式（Determinant）

计算方阵的行列式使用 det()方法，该方法也来自 numpy.linalg 包。如果行列式是 0，这个矩阵是不可逆的，称为奇异矩阵，计算行列式代码如下：

```
import numpy as np
a = np.array([[1, 0, 0],[0, 2, 0],[0, 0, 3]])
det = np.linalg.det(a)
print("Determinant:", det)    #Determinant: 6.0
```

7. 求矩阵的逆（Inverse）

求方阵的逆使用 numpy.linalg 包的 inv()方法，如果方阵的行列式不为 0，则该矩阵可逆。如：

```
import numpy as np
a = np.array([[1, 0, 0],[0, 2, 0],[0, 0, 3]])
inv = np.linalg.inv(a)
print("Inverse of a = ")
print(inv)
```
输出结果为：

Inverse of a =

[[1.　　　　　0.　　　　　0.　　　　　]
[0.　　　　　0.5　　　　0.　　　　　]
[0.　　　　　0.　　　　　0.33333333]]

8. 矩阵的扁平化（Flatten）

矩阵的扁平化是一种将矩阵转换为一维 NumPy 数组的简单方法，方法为 ndarray 对象的 flatten()方法，如：

```
import numpy as np
a = np.arange(1, 10)
a.shape = (3, 3)
print(a.flatten())    # [1 2 3 4 5 6 7 8 9]
```

9. 求矩阵特征值（Eigenvalues）和特征向量（Eigenvectors）

设 A 是一个 $n \times n$ 矩阵。如果有一个非零向量 x 满足下列方程：

$$Ax = \lambda x$$

其中，λ 标量称为 A 的特征值。向量 x 称为与 λ 相对应的 A 的特征向量。在 NumPy 中，可以使用 eig()方法同时计算矩阵的特征值和特征向量，如：

```
import numpy as np
a = np.array([[1, 0, 0],[0, 2, 0],[0, 0, 3]])
w, v = np.linalg.eig(a)
print("Eigenvalues:",w)
print("Eigenvectors:")
print(v)
```

结果显示：

Eigenvalues:[1. 2. 3.]

Eigenvectors:

[[1. 0. 0.]

[0. 1. 0.]

[0. 0. 1.]]

在代数中，特征值的总和等于同一个矩阵的迹，特征值的乘积等于同一矩阵的行列式。特征值和特征向量在主成分分析中非常有用。在主成分分析中，相关矩阵或协方差矩阵的特征向量代表主成分（最大方差方向），对应的特征值代表每个主成分解释的变化量。

6.3.4 产生随机数

Python 标准库中的 random 模块，可以生成随机浮点数、整数、字符串，随机选择列表序列中的一个元素，打乱一组数据等，而 NumPy 模块中的子模块 numpy.random 不仅可以生成随机数，还可以生成随机数矩阵，如表 6.3 所示。

表 6.3　numpy.random 常用函数

常用函数	简要功能说明
random.rand(d0, d1, ..., dn)	生成一个(d0, d1, ..., dn)维的数组，数组的元素取自[0, 1)上的均匀分布，若没有参数输入，则生成一个数
random.randn(d0,d1,...,dn)	生成一组具有标准正态分布的样本，dn 表示维度
random.randint(low[,high, size, dtype])	生成 size 个整数，取值区间为[low, high)，若没有输入参数 high，则取值区间为[0, low)
random.random(size=None)	产生[0.0, 1.0)之间的浮点数
random.choice(a,size=None,replace=True,p=None)	若 a 为数组，则从 a 中选取元素；若 a 为单个 int 类型数，则选取 range(a)中的数。replace 表示是否重复
random.shuffle(x)	现场修改序列，改变自身内容
random.permutation(x)	返回一个随机排列

例 6.5   阅读下面程序，运行输出结果。

```
import numpy as np
a = np.random.rand(3,2)   #2 个参数，表示 3 行 2 列[0.0, 1.0)之间的随机矩阵
b = np.random.randn(2,4)   #2 行 4 列的随机矩阵，具有标准正态分布
c = np.random.randint(2, size=10)   #[0,2)的 10 个随机整数序列
d = np.random.random((3, 2))   # 参数是元组，3 行 2 列[0.0, 1.0)之间的随机矩阵
e = np.random.choice(5, 3, p=[0.1, 0, 0.3, 0.6, 0])   # range(5)中生成 3 个可重复的数
print(a)
print(b)
print(c)
print(d)
print(e)
```

6.4   Pandas 库

Pandas（Python Data Analysis Library）是 Python 的一个数据分析包，纳入了大量库和标准数据模型，提供高效操作数据集所需的工具。Pandas 提供大量快速便捷处理数据的方法。Pandas 是字典形式，基于 NumPy 创建，使 NumPy 为中心的应用变得更加简单，其功能是为行和列设定标签，可以针对时间序列数据计算统计学指标，轻松处理 NaN 值，能够将不同的数据集合在一起，与 NumPy 和 Matplotlib 集成。Pandas 为 Python 带来了两种新的数据结构：Series 和 DataFrame，借助这两种数据结构，能够直观地处理带标签数据和关系数据。

6.4.1   Series 结构

Pandas Series 是像数组一样的一维对象，可以存储很多类型的数据。Pandas Series 和 NumPy array 之间的主要区别之一是 Pandas Series 中的每个元素分配索引标签；另一个区别是 Pandas Series 可以同时存储不同类型的数据。

例 6.6   创建 Pandas Series 对象，方法是 Series(data, index)。

```
import pandas as pd
arr =pd.Series(data=[30, 6, 'yes', 'No'], index=['eggs', 'apples', 'milk', 'bread'])
ser = pd.Series(data=[[0, 1, 2, 3], [1, 3, 5, 7], [2, 4, 6, 8]], index=('a', 'b', 'c'))
print(arr.size)   # 数量
print(arr.shape)   # 形状
print(arr.ndim)   # 维度
print(arr.index)   # 索引列表
print(arr.values)   # 元素列表

print('book' in arr)
```

程序运行结果如图 6.15 所示。

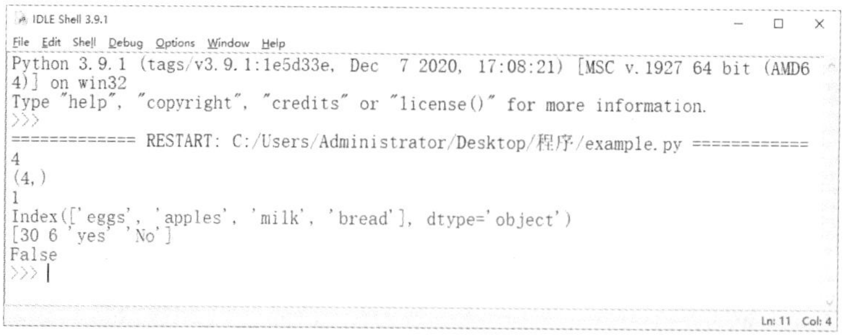

图 6.15　Series 对象

访问 Pandas Series 中元素切片和索引，Pandas Series 提供了两个属性：.loc 和 .iloc，.loc 表示标签索引访问，.iloc 表示数字索引访问。

例 6.7　访问 Series 中的元素。

```python
import pandas as pd
arr =pd.Series(data=[30, 6, 'yes', 'No'], index=['eggs', 'apples', 'milk', 'bread'])
ser = pd.Series(data=[[0, 1, 2, 3], [1, 3, 5, 7], [2, 4, 6, 8]], index=(['a', 'b', 'c']))
# 标签索引
print(arr['eggs'])
print(arr[['eggs', 'milk']])
 # 数字索引
print(arr[1])
print(arr[[1, 2]])
print(arr[-1])
 # 明确标签索引
print(arr.loc['milk'])
print(arr.loc[['eggs', 'apples']])
 # 明确数字索引
print(arr.iloc[0])
print(arr.iloc[[0, 1]])   #可以使用 groceries.head(),tail()分别查看前 n 个和后 n 个值，
groceries.unique 进行去重操作
```

程序运行结果如图 6.16 所示。

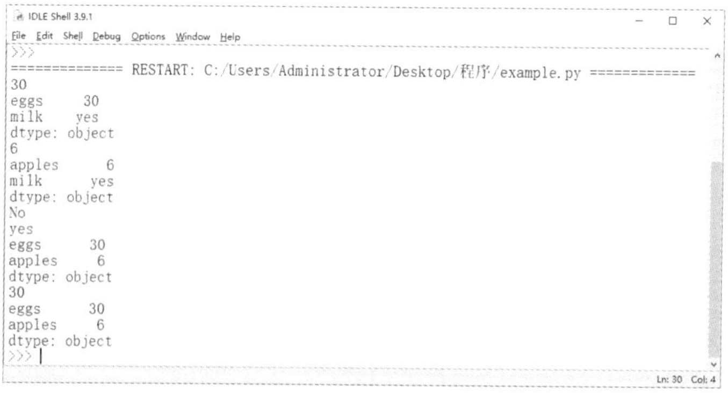

图 6.16　访问 Series 中的元素

修改和删除 Pandas Series 中的元素，直接标签访问，修改值即可，如：

```
arr['eggs'] = 2
print(arr)
```

Pandas Series 中元素执行算术运算，Pandas Series 执行元素级算术运算：加、减、乘、除等。

例 6.8 Series 执行算术运算。

```
import pandas as pd
import numpy as np
fruits = pd.Series(data=[10, 6], index=['apples', 'oranges'])
# 所有数字进行运算
print(fruits + 2)
print(fruits - 2)
print(fruits * 2)
print(fruits / 2)
# 所有元素应用 NumPy 中的数学函数
print(np.exp(fruits))
print(np.sqrt(fruits))
print(np.power(fruits, 2))
# 部分元素进行运算
print(fruits[0] - 2)
print(fruits['apples'] + 2)
print(fruits.loc['oranges'] * 2)
print(np.power(fruits.iloc[0], 2))
```

程序运行结果如图 6.17 所示。

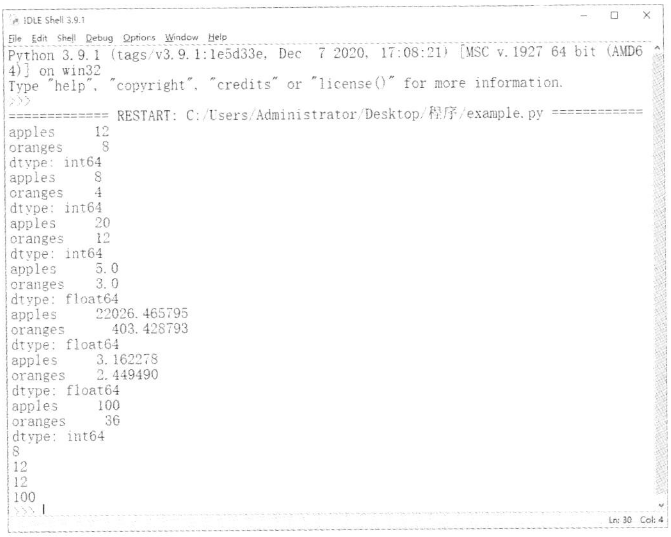

图 6.17　Series 算术运算

6.4.2　DataFrame 结构

DataFrame 是一个表格型的数据结构。DataFrame 由按一定顺序排列的多列数据组成。设计初衷是将 Series 的使用场景从一维拓展到多维。DataFrame 对象属性有行索引（index）、列索引（columns）、值（values）。创建 DataFrame 对象，首先创建 Series 字典，其次将字典传递给 DataFrame 对象。

例 6.9　通过二维数组创建 DataFrame 对象。

```python
import pandas as pd
import numpy as np
arr = np.array(np.arange(12)).reshape(4,3)
df1 = pd.DataFrame(arr)
print(df1)
```

程序运行结果如图 6.18 所示。

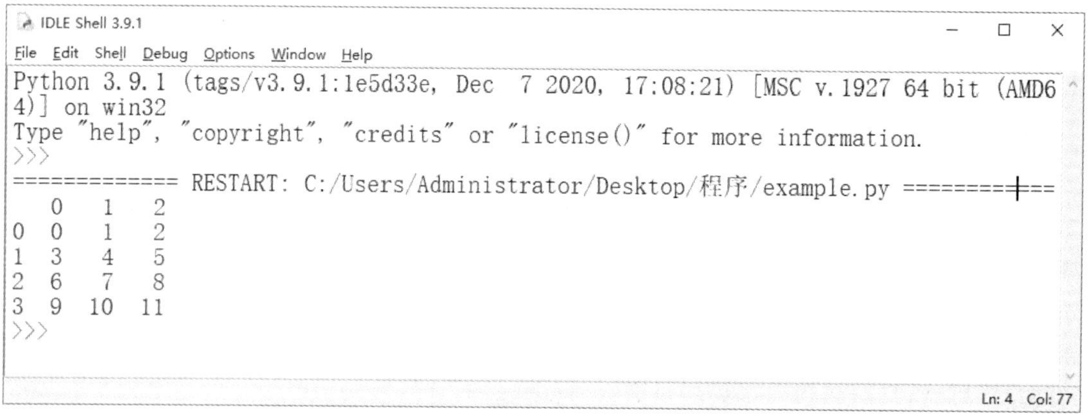

图 6.18　通过二维数组创建 DataFrame 对象

例 6.10　通过字典的方式创建 DataFrame 对象。

```python
import pandas as pd
import numpy as np
#利用字典列表创建
dic2 = {'a':[1,2,3,4],'b':[5,6,7,8],'c':[9,10,11,12],'d':[13,14,15,16]}
df2 = pd.DataFrame(dic2)
print(df2)
#利用嵌套字典创建
dic3 =
{'one':{'a':1,'b':2,'c':3,'d':4},'two':{'a':5,'b':6,'c':7,'d':8},'three':{'a':9,'b':10,'c':11,'d':12}}
df3 = pd.DataFrame(dic3)
print(df3)
```

程序运行结果如图 6.19 所示。

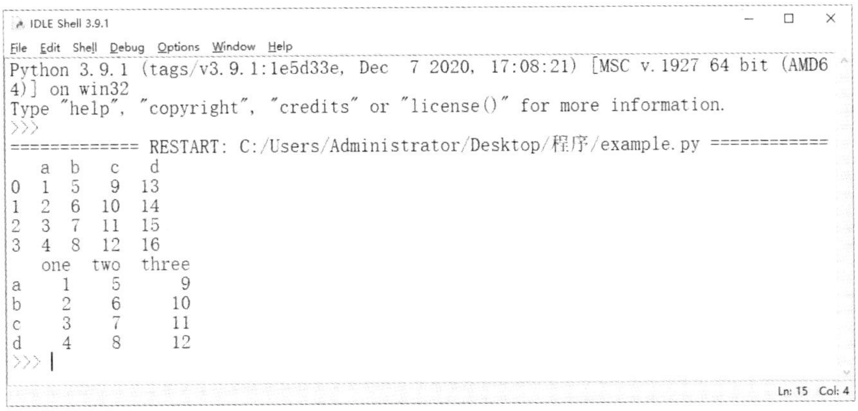

图 6.19　通过字典的方式创建 DataFrame 对象

例 6.11　通过 DataFrame 创建 DataFrame 对象。

```python
import pandas as pd
import numpy as np
#利用字典列表创建
dic3 = {'one':{'a':1,'b':2,'c':3,'d':4},'two':{'a':5,'b':6,'c':7,'d':8},'three':{'a':9,'b':10,'c':11,'d':12}}
df3 = pd.DataFrame(dic3)
print(df3)
df4 = df3[['one','three']]
print(df4)
s3 = df3['one']
print(s3)
```

程序运行结果如图 6.20 所示。

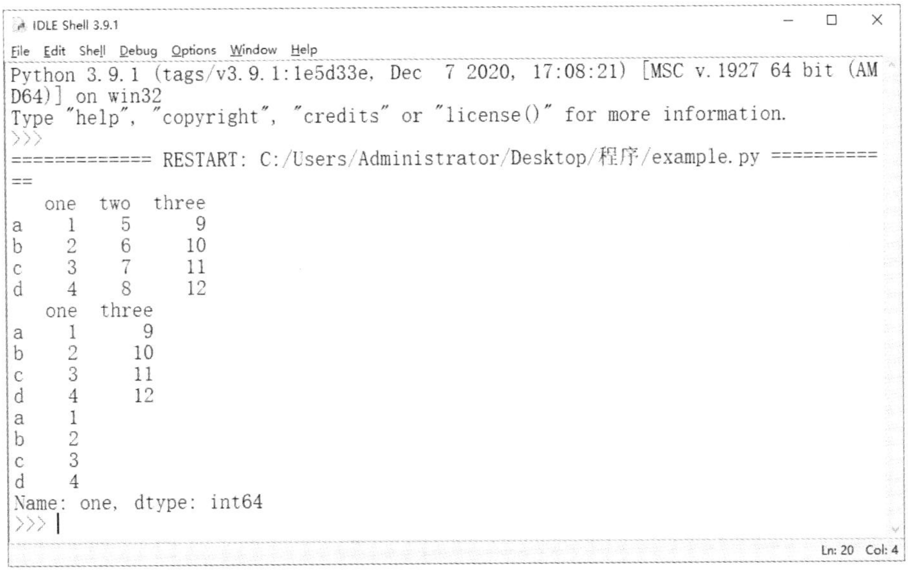

图 6.20　通过 DataFrame 创建 DataFrame 对象

例 6.12   使用数字行索引和字母列索引创建一个 6×6 的随机数 DataFrame 对象，查看表的相关属性，显示头 5 行，尾 2 行。

```
import pandas as pd
import numpy as np
df=pd.DataFrame(np.random.randn(6,6),index=list('123456'),columns=list('ABCDEF'))
print(df)
print(df.dtypes)   # 查看列的数据类型
print(df.ndim)   # ndim 查看 DataFrame 的 "轴"，轴为 2，即为 2 维
print(df.size)   # size 查看 DataFrame 的数据量，16 个数据
print(df.shape)   # shape 查看 DataFrame 的类型，即 4 行 4 列
print(df.head())   # 查看头 5 行，默认是 5
print(df.tail(2))   #查看尾 2 行，默认是 5
```

例 6.13   利用字典 dic = {'name':['张三','李四','王五','赵六'],'age':[17, 20, 5, 40],'gender':['男','女','女','男']}，创建 DataFrame 对象，查看该对象的值（values）、name 列的数据，使用 loc 或者 iloc 查看数据值。

```
import pandas as pd
dic = {'name':['张三','李四','王五','赵六'],'age':[17, 20, 5, 40],'gender':['男','女','女','男']}
df = pd.DataFrame(dic)
print(df)
print(df.index)   # 查看行索引
print(df.columns)   # 查看列索引
print(df.values)   # 查看 DataFrame 的值
print(df["name"])   # 查看 name 列的数据
print(df["name"].values)
print(df.loc[1])   # 根据行名查看
print(df.iloc[0])   # 根据行号查看
```

6.4.3   Pandas 读写文件

使用 Pandas 处理数据时，常见的方式是从 Excel 文件中读取数据，另外有时也需要将处理完的数据输出为 Excel 文件。Excel 文件常用的有两类：一类是 xls 文件，需要 xlrd 和 xlw 依赖包；另一类是 xlsx 文件，需要 openpyxl 依赖包。下面主要介绍 xlsx 文件的处理。在 Pandas 中，Excel 文件读写方法分别是 pd.read_excel() 和 df.to_excel()。

1. Pandas 读取 Excel 表

其一般形式为 Pandas.read_excel(' filename ')，其他参数一般默认，也可以设置，常用参数如下：

sheet_name=' '：表示读取文件的哪个 sheet 页，可以为 sheet 页名称，也可以使用数字，0 表示第一个 sheet 页；None 会读取所有有内容的 sheet 页。其结果为一个字典，字典的 key 为 sheet 页名称，value 为 sheet 页内容；默认读取第一个 sheet 页。

header：指定表头，即列名，默认第一行，如 header=1，则将第二行当作表头；header =

None，没有表头，全部为数据内容。

index_col：将哪一列当作 index 列，默认添加一列从 0 开始的整数作为 index，通过指定 index_col='列名'指定索引列。

通过 names=['a','b','c']可以设置列标题为 'a','b','c'，其他类同。

Pandas 读取文件之后，将内容存储为 DataFrame 对象，然后就可以调用函数进行分析处理。

例 6.14 新建文件 d:\\ pandas-excel.xlsx，如表 6.4 所示，用 Pandas 读文件，分别用第四列作行索引，列名改成英文，利用 sheet_name 读取工作表，显示前三行，并显示列索引值和行索引值。

表 6.4　员工信息表

	A	B	C	D
1	ID	姓名	年龄	地址
2	1001	张三	18	北京
3	1002	李四	20	上海
4	1003	王五	19	广州
5	1004	赵六	17	深圳

程序如下：

```
import pandas as pd
result1 = pd.read_excel('d:\\pandas-excel.xlsx',index_col=3)
result2 = pd.read_excel('d:\\pandas-excel.xlsx',names=['ID','Name','Age','City'])
result3 = pd.read_excel('d:\\pandas-excel.xlsx',sheet_name=0)


print(result1)
print(result2)
print(result3)


print(result3.head(3))
print(result3.shape)
print(result3.columns.values)
print(result3.index.values)
```

程序运行结果如 6.21 所示。

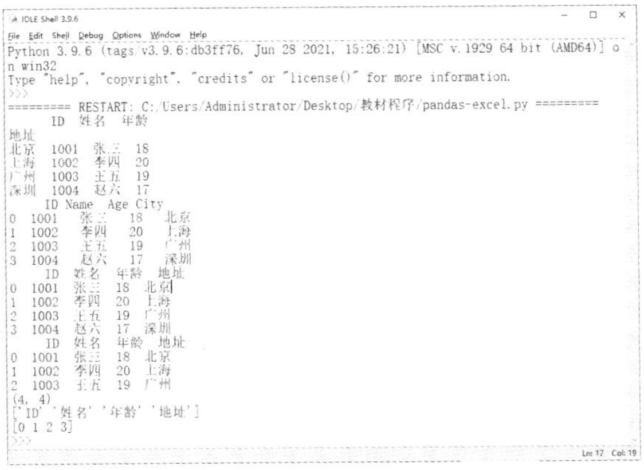

图 6.21　运行结果

2. 数据写入 Excel 表

Pandas 数据写入 Excel 表的方法为 DataFrame.to_excel('filename','sheet 页')。
其中，filename 为 xlsx 文件名，sheet 页参数可不指定，默认为 Sheet1，如：

```
import pandas as pd
result = pd.DataFrame({'ID':[1001,1002,1003],'姓名':['张三','李四','王五']})
result.to_excel('D:\\写入 excel.xlsx')
```

程序运行后，在 D 盘发现有文件 D:\\写入 excel.xlsx，可以打开看看。

6.5 SciPy 库

SciPy 是基于 NumPy 的开源科学计算库，通过 NumPy 数组进行科学计算和统计分析。
SciPy 在 NumPy 的基础上增加了许多科学计算工具包，有了这两个库，Python 几乎具有和
MATLAB 一样处理数据的能力。

SciPy 和 NumPy 的下载网址为：http://www.scipy.org。

SciPy 提供的科学计算子模块包括线性代数、微分方程、信号处理、图像处理、矩阵计
算等，SciPy 常用子模块如表 6.5 所示，下面介绍其中的几个。

表 6.5　SciPy 常用子模块

模块名	应用领域
scipy.integrate	积分
scipy.cluster	向量计算/K-means
scipy.constants	物理和数学常量
scipy.fftpack	傅里叶变换
scipy.interpolate	插值
scipy.io	数据输入输出
scipy.linalg	线性代数程序
scipy.ndimage	N 维图像包
scipy.odr	正交距离回归
scipy.optimize	优化
scipy.signal	信号处理
scipy.sparse	稀疏矩阵
scipy.spatial	空间数据结构和算法
scipy.special	一些特殊的数学函数
scipy.stats	统计

6.5.1 数学和物理常量

SciPy 的 constants 模块包含了大量用于科学计算的数学和物理常量，常用的常量如下：

```
from scipy import constants as C
print(C.pi)  #圆周率 3.141592653589793
print(C.golden)  #黄金比例 1.618033988749895
```

```
print(C.c)  #真空中的光速 299792458.0
print(C.h)  #普朗克常数 6.62607015e-34
print(C.mile)  #一英里等于多少米 1609.3439999999998
print(C.inch)  #一英寸等于多少米 0.0254
print(C.degree)  #一度等于多少弧度 0.017453292519943295
print(C.minute)  #一分钟等于多少秒 60.0
print(C.g)  #标准重力加速度 9.80665
```

查找常量使用 scipy.constants.find() 方法，返回 physical_constants 常量字典的键列表，如果关键字不匹配，则不返回任何内容。获得键列表后，使用 physical_constants['key'] 获取常量值。

6.5.2 输入与输出

scipy.io 模块提供了多种功能解决不同格式文件的输入和输出，以读写 .mat 文件为例进行说明。以 MATLAB 的 .mat 文件格式存储的数据集，可以使用 scipy.io 模块进行读取，方法分别是 loadmat() 和 savemat() 方法，如下程序创建一个矩阵，保存为 .mat 文件，读取输出。

```
from scipy import io
import numpy as np
matrix1 = np.arange(12).reshape(3,4)  #创建矩阵
io.savemat("d:\\matrix.mat", {"array": matrix1})  #保存矩阵文件
data=io.loadmat('d:\\matrix.mat')  #读取矩阵文件
print(data["array"])  #输出矩阵
```

6.5.3 积 分

在高等数学中，函数积分分单积分、双积分及 n 重积分，还有一些特殊函数的积分，如表 6.6 所示。单积分形式为：

scipy.integrate.quad(func,a,b)

其中，func 为定积分函数；a 为积分上限（使用 numpy.inf 表示正无穷）；b 为表示积分下限（使用 -numpy.inf 表示负无穷）。

输出结果返回两个值，其中第一个数值是积分值，第二个数值是积分值绝对误差的估计值。

表 6.6 积分函数表

积分函数	功能简要说明
integrate.quad( )	单积分
integrate.dblquad( )	二重积分
integrate.tplquad( )	三重积分
integrate.nquad( )	n 倍多重积分
integrate.fixed_quad( )	高斯积分，阶数 n
integrate.quadrature( )	高斯正交到容差
integrate.romberg( )	Romberg 积分
integrate.trapz( )	梯形规则

积分函数	功能简要说明
integrate.cumtrapz( )	梯形法则累计计算积分
integrate.simps( )	辛普森规则积分
integrate.romb( )	Romberg 积分
integrate.polyint( )	分析多项式积分(NumPy)
integrate.poly1d( )	辅助函数 polyint(NumPy)

例 6.15 计算 $\int_0^4 x^2 \mathrm{d}x$，代码如下：

```
from scipy import integrate
x1 = lambda x: x**2
y=integrate.quad(x1, 0, 4)
print(y)
```
程序运行结果如图 6.22 所示。

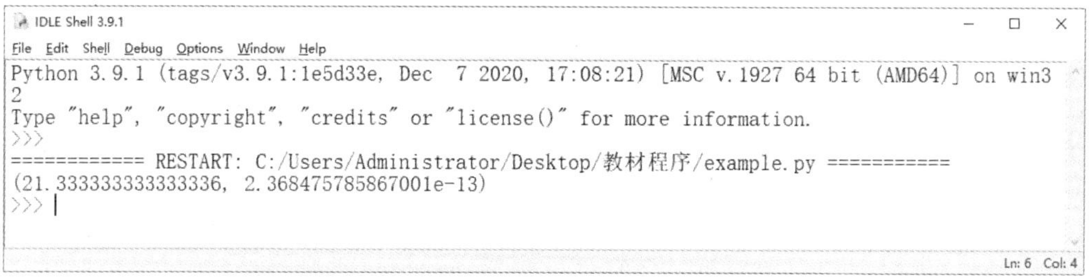

图 6.22　单积分计算

例 6.16 计算定积分 $\int_0^\infty \mathrm{e}^{-x}\mathrm{d}x$，程序如下：

```
from scipy import integrate
import numpy as np
x2= lambda x: np.exp(-x)
y=integrate.quad(x2, 0, np.inf)
print(y)
```
程序运行结果如图 6.23 所示。

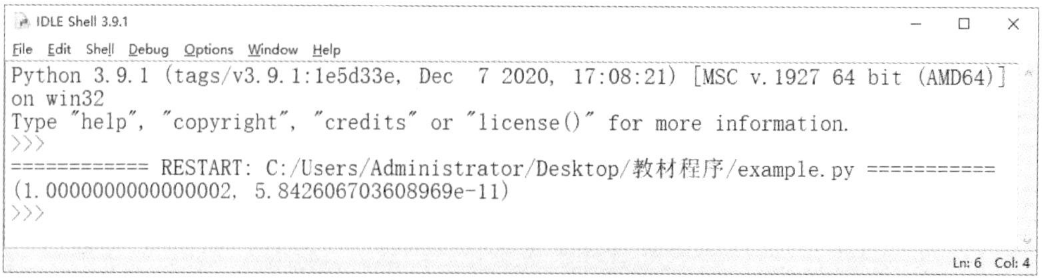

图 6.23　定积分计算

6.5.4　线性代数

线性代数（Linear Algebra，linalg）模块是 scipy.linalg，NumPy 和 SciPy 都提供了线性代数函数模块，SciPy 的线性代数模块比 NumPy 更加全面。scipy.linalg 模块里的函数包括矩阵计算、特征值问题、矩阵分解，矩阵方程求解等，下面仅列出常用的几个了解一下它们的用法，如表 6.7 所示。

表 6.7　常见线性代数函数

线性代数函数	功能简要说明
inv(a[, overwrite_a, check_finite])	计算矩阵的逆
solve(a, b[, sym_pos, lower, overwrite_a, ...])	线性方程组 a * x = b 求解
det(a[, overwrite_a, check_finite])	计算行列式的值
svd(a[, full_matrices, compute_uv, ...])	矩阵分解

例 6.17　求矩阵[[1., 2.], [3., 4.]]的逆。

```
from scipy import linalg
import numpy as np
a = np.array([[1., 2.], [3., 4.]])
print(linalg.inv(a))
```

程序运行结果如图 6.24 所示。

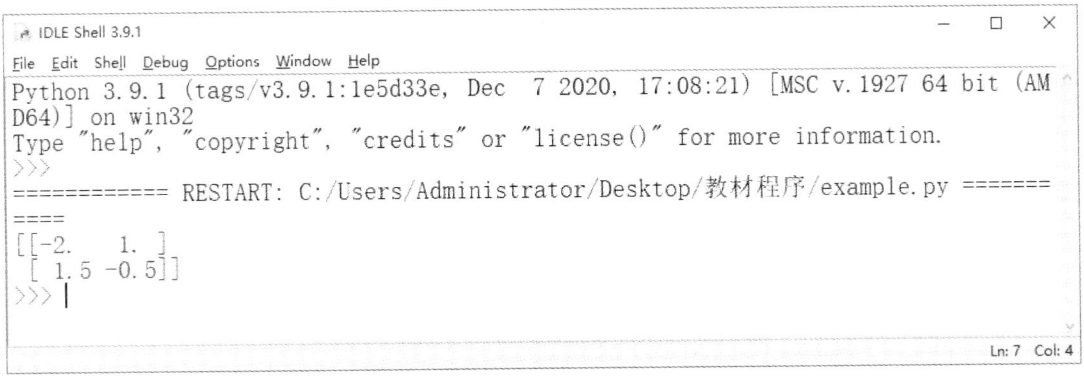

图 6.24　求逆矩阵

如果矩阵 a 不可逆，则会显示异常 LinAlgError: singular matrix。

求解线性方程组的方法为：

scipy.linalg.solve(a, b, sym_pos=False, lower=False, overwrite_a=False, overwrite_b=False, debug=None, check_finite=True, assume_a='gen', transposed=False)

其中，参数 a 表示线性方程组的系数矩阵；b 表示常数项矢量；其他参数取默认值。

例 6.18　求解线性方程组 Ax=b 的解。

```
from scipy import linalg
import numpy as np
a = np.array([[3, 2, 0], [1, -1, 0], [0, 5, 1]])
```

```
b = np.array([2, 4, -1])
x = linalg.solve(a, b)
print(x)
```
程序运行结果如图 6.25 所示。

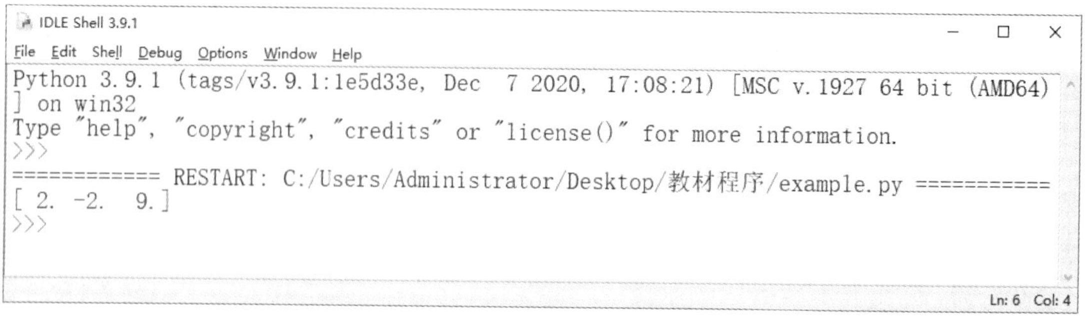

图 6.25　线性方程组求解

奇异值分解函数如下：

```
scipy.linalg.svd(a,full_matrices=True,compute_uv=True,overwrite_a=False,check_finite=True, lapack_driver='gesdd')
```

例 6.19　奇异值分解用法。

```
from scipy import linalg
import numpy as np
m, n = 9, 6
a = np.random.randn(m, n) + 1.j*np.random.randn(m, n)
U, s, Vh = linalg.svd(a)
print(U.shape,   s.shape, Vh.shape)
```
程序运行结果如图 6.26 所示。

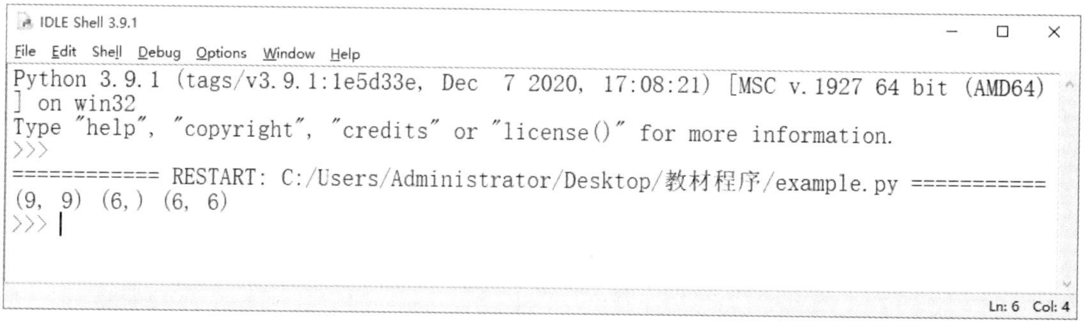

图 6.26　奇异值分解

6.5.5　插　值

插值是在直线或曲线上的两点之间找到值的过程。这种插值工具不仅适用于统计学，而且在科学、商业或需要预测两个现有数据点内的值时也很有用。常见形式为：

```
scipy.interpolate.interp1d(x, y, kind='linear')
```
参数 x 表示一维数组；y 表示插值函数中 x 对应的值；kind 表示插值的类型，包含 linear、

nearest、zero、slinear、quadratic、cubic、previous、next 等。

例 6.20　线性插值方法。

```
import matplotlib.pyplot as plt
import numpy as np
from scipy import interpolate
x = np.arange(0, 10)
y = np.exp(-x/3.0)
f = interpolate.interp1d(x, y)
xnew = np.arange(0, 9, 0.1)
ynew = f(xnew)      # 使用线性插值方法返回 xnew 对应的插值
plt.plot(x, y, 'o', xnew, ynew, '-')
plt.show()
```

程序运行结果如图 6.27 所示。

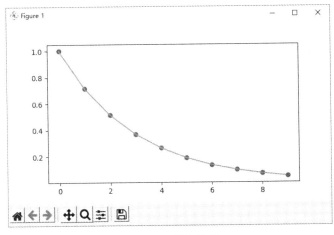

图 6.27　插值计算

 练习题

一、选择题

1. 下面关于 pip 工具的描述，错误的是（　　　）。

   A. 使用 pip 升级科学计算扩展库 NumPy 的完整命令是 pip install --upgrade numpy。

   B. 使用 pip 工具查看当前已安装的 Python 扩展库的完整命令是 pip list。

   C. Python 安装科学计算扩展库 NumPy 用的是 pip install numpy。

   D. pip 只支持在线安装扩展库，不支持离线安装。

2. 关于 SymPy 库的描述，以下选项中正确的是（　　　）。

   A. SymPy 是一个支持符号计算的 Python 第三方库。

B. SymPy 是游戏开发方向的 Python 第三方库。

C. SymPy 是 Web 开发方向的 Python 第三方库。

D. SymPy 是机器学习方向的 Python 第三方库。

3. 下列不是 Python 扩展库安装方法的是（　　　　）。

    A. pip 命令　　　　　B. tar.gz 文件安装　　　C. whl 文件安装　D. Python 环境中安装

4. 下列哪个不是符号计算库 SymPy 的常量？（　　　）

    A. sympy.pi　　　　　B. sympy.oo　　　　　C. sympy.i　　　　　D. sympy.I

5. 在 SymPy 里进行符号运算之前，必须先初始化，正确的初始化方法是（　　　　）。

    A. symbols()　　　　B. Symbol()　　　　　C. symbol()　　　　D. Symbols()

6. 符号计算库 SymPy 可以执行的计算有（　　　　）。

    A. 表达式化简与展开　B. 合并同类项　　　C. 解决方程　　　　D. 微积分

7. 表示 N 维数组对象 ndarray 的属性有（　　　　）。

    A. ndarray.ndim　　　B. ndarray.shape　　　C. ndarray.size　　D. ndarray.type

8. Pandas 的数据结构有（　　　　）。

    A. ndarray　　　　　B. sympy　　　　　　C. Series　　　　　D. DataFrame

9. 下列哪些不是 SciPy 的 constants 模块常数？（　　　　）

    A. constants.pi　　　B. constants.golden　　C. constants.c　　D. constants. oo

10. 下列哪些是 SciPy 提供的科学计算子模块？（　　　　）

    A. 线性代数　　　　　B. 微分方程　　　　　C. 图像处理　　　D. 矩阵计算

二、填空题

1. 使用 pip 工具把本机已安装的 Python 扩展库及版本信息输出到文本文件 requirements.txt 中的完整命令是_____。

2. 使用 pip 工具查看当前已安装的 Python 扩展库(不含版本号)的完整命令是_____。

3. import numpy as np 后，查看 NumPy 的版本号的命令是_____。

4. 使用 pip 工具在线升级 NumPy 的完整命令是_____。

5. 在 NumPy 中创建 0 到 9 的一维数据方法是_____。

6. 创建 3×3 的 NumPy 数组，元素值都是 False。_____。

7. 把一维数组 np.arange(10) 转化了 2 行的二维数组。_____。

三、实践操作题

1. 编程计算，求表达式 f(x)=5x+4 (x=6)，f(x,y) =x*x+y*y (x=3,y=4)的值。

2. 编程计算，求 sin(2x)的导数，sin(2x)二次求导，sin(x*y)对 x，y 求偏导。

3. 编程计算，解方程：

$$f(x)=\begin{cases}2x-y+z=10\\3x+2y-z=16\\x+6y-z=28\end{cases}$$

4. 编程计算，求极限：

$$\lim_{n\to\infty}\left(\frac{n+3}{n+2}\right)^n$$

第7章 Python 数据可视化

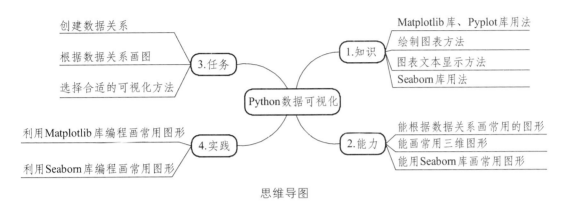

创建数据关系

根据数据关系画图 —— 3.任务

选择合适的可视化方法

利用Matplotlib库编程画常用图形 —— 4.实践

利用Seaborn库编程画常用图形

Python数据可视化

1.知识 —— Matplotlib库、Pyplot库用法 / 绘制图表方法 / 图表文本显示方法 / Seaborn库用法

2.能力 —— 能根据数据关系画常用的图形 / 能画常用三维图形 / 能用Seaborn库画常用图形

思维导图

　　Python 在数据处理、数据分析以及数据可视化方面有很多功能强大的工具，这也是 Python 在科学计算领域迅速发展的一个主要原因。数据可视化可以从繁杂的数据中直观有效地获取信息，尤其是大数据的广泛应用，从海量数据中提取有用的数据并显示出来尤为重要。数据可视化借助图形化的手段，可以清晰有效地表达信息，直观、形象地显示数据的特征和变化，并进行交互处理。Python 数据可视化应用十分广泛，几乎可以用于自然科学、工程技术、金融、通信和商业等各种领域。

　　根据数据之间的关系，数据绘图可以分为比较图、关系图、合成图、分布图和地理图等。比较图显示数据间各类别的比较关系，或是它们随时间的变化趋势，如折线图；关系图可以查看两个或两个以上变量之间的关系，如散点图；合成图显示每个部分占整体的百分比，或者是随着时间的百分比变化，如饼图；分布图关注单个变量，或者多个变量的分布情况，如直方图。图形的几个基本术语及含义如下：

xticks、yticks：设置坐标轴刻度；

xlabel、ylabel：设置坐标轴标签；

xlim、ylim：设置坐标轴数据范围；

title：标题；

legend：图例，位于图形一角，解释各种符号和颜色的意义，有助于更好地理解图形；

grid：网格线；

text：添加数据标签。

7.1 Matplotlib 库

　　Matplotlib 是一个风格类似 MATLAB 基于 Python 的绘图库，通过 Matplotlib 可以很轻松地画简单或复杂的图形，几行代码即可生成折线图、直方图、条形图、散点图等。绘制图形主要用到两个库：matplotlib.pyplot 和 numpy，其中 pyplot 是 matplotlib 一个子模块。这两个库使用频率较高，名字较长，一般给其设置别名，导入库代码如下：

```
import matplotlib.pyplot as plt    # 导入模块 matplotlib.pyplot，并简写成 plt
import numpy as np                 # 导入模块 numpy，并简写成 np
```

7.1.1 Matplotlib 库用法

1. 绘制图表方法

Matplotlib 绘图基本步骤：导入相关库→初始化画布→准备绘图数据→将数据添加到坐标系中→保存及显示图像。

在 Matplotib 中，Figure 表示整个绘图，可以理解为一块画布。绘图中可以包含多个子图形(subplot)，如果不显示创建 figure，会使用默认的 figure。figure 对象生成方法为 plt.figure()，显示图形方法为 plt.show()，其形式为：

```
plt.figure(num=None,figsize=None,dpi=None,facecolor=None,edgecolor=None,
           frameon=True)
plt.show()
```

参数的含义如下：

num：图像编码或者名称，数字是编码，字符串是名称；

figsize：宽和高，单位是英尺，形式为(a,b)，a 表示宽，b 表示高；

dpi：指定绘图对象的分辨率，即每英寸多少个像素，缺省值为 80；

facecolor：背景颜色，如红色 red、灰色 gray 等英文颜色词；

edgecolor：边框颜色，同上；

frameon：是否显示边框。

下面程序绘制一块画布。

```
import matplotlib.pyplot as plt
fig=plt.figure(figsize=(4,2),facecolor='green')
plt.show()
```

程序运行结果如图 7.1 所示。

图 7.1　figure()画图

绘图类型可以是坐标图、箱形图、条形图、横向条形图、极坐标图、饼图、散点图和直方图等，如表 7.1 所示。

表 7.1　绘图方法

绘图方法	图的类型
plt.plot(x,y , format_string)	绘制坐标图
plt.boxplot(data, notch, position)	绘制箱形图
plt.bar(left, height, width, bottom)	绘制条形图
plt.barh(width, bottom, left, height)	绘制横向条形图
plt.polar(theta, r)	绘制极坐标图
plt.pie(data, explode)	绘制饼图
plt.scatter(x, y)	绘制散点图
plt.hist(x, bings, normed)	绘制直方图

绘制坐标图方法为：plt.plot(x, y, format_string)，或 plt.plot(x, y, color, marker, linestyle, linewidth, markersize)。

其中，参数 x 为 x 轴数据，可为列表或数组；y 为 y 轴数据，也可为列表或数组；format_string 为控制曲线的格式字符串，format_string 由颜色、点型和线型字符组成，具体形式为 '[color][marker][line]'，如'bo-'表示蓝色圆点实线，其他表示如表 7.2 所示。

表 7.2　format_string 参数

颜色	表示	点型	表示	线型	表示
蓝色	b	点	.	实线	-
绿色	g	像素	,	虚线	--
红色	r	圆	o	点线	:
青色	c	方形	s	点画线	-.
品红	m	三角	^		
黄色	y				
黑色	k				
白色	w				

如 plot(x, y, 'go--', linewidth=2, markersize=12) 等价于 plot(x, y, color='green', marker='o', linestyle='dashed',linewidth=2, markersize=12)。

除了 y 轴数据外，其他参数都可以省略，取默认值。如省略 x 轴数据，则用默认的数组值 0···N-1，下面都是合法的用法。

```
plot(x, y)          # 使用默认风格
plot(x, y, 'bo')    # 使用蓝圆风格画图
plot(y)             # x 取值 0···N-1
plot(y, 'r+')
```

下面示例用三种风格画出正弦函数 sin(x)、sin(2x)、sin(3x)，程序如下：

```
import matplotlib.pyplot as plt
```

```
import numpy as np
x = np.arange(0, 2*np.pi, 0.1)
y1=np.sin(x)
y2=np.sin(2*x)
y3=np.sin(3*x)
plt.plot(x,y1,'bo-')
plt.plot(x,y2,'rs:')
plt.plot(x,y3,'k,--')
plt.title("正弦函数图像")

plt.show()
```

程序运行结果如图 7.2 所示。

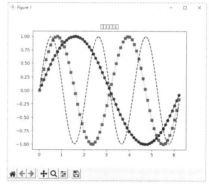

图 7.2　正弦函数图像

观察上面的图，发现存在的问题是没有图例、标题和标签，图的 title 显示乱码，下面进一步完善。

2. pyplot 文本显示方法

该方法用于显示图的相关文本信息，如对轴增加文本标签、增加图题、显示图例等，如表 7.3 所示。

表 7.3　文本显示函数

文本显示方法	功能简要说明	示　例
plt.xlabel()	对 x 轴增加文本标签	plt.xlabel("X 轴标签名")
plt.ylabel()	对 y 轴增加文本标签	plt.ylabel("Y 轴标签名")
plt.title()	添加图题	plt.title("图题")
plt.text()	在任意位置增加文本	
plt. legend()	显示图例	
plt.ylim()	y 轴的范围	plt.ylim(0,6)
plt.xlim()	x 轴的范围	plt.xlim(0,10)
plt.grid()	打开或关闭网格	plt.grid(True)或 plt.grid(False)
plt.rcParams[]	设置中文字体 轴负数显示问题	rcParams['font.sans-serif']=SimHei rcParams['axes.unicode_minus']=False

Python 中的 Matplotlib 仅支持 Unicode 编码，默认是不显示中文的。plot() 方法默认并不显示中文，解决办法可以修改字体配置文件 matplotlibrc，或是通过 plt.rcParams 属性修改字体实现，比较简单的方法是在中文出现的地方添加字体属性 fontproperties 即可。fontproperties 的取值为系统字体的英文名称，一般有 Microsoft Yahei（微软雅黑）、SimHei（黑体）、Kaiti（楷体）、FangSong（仿宋）等。

对上例正弦函数增加文本显示后的程序如下：

```python
import matplotlib.pyplot as plt
import numpy as np
x = np.arange(0, 2*np.pi, 0.1)
y1=np.sin(x)
y2=np.sin(2*x)
y3=np.sin(3*x)
plt.plot(x,y1,'bo-',label='sin(x)')
plt.plot(x,y2,'rs:',label='sin(2x)')
plt.plot(x,y3,'k,--',label='sin(3x)')
plt.xlabel('横轴：时间',fontproperties = 'Kaiti', fontsize = 15, color = 'green')
plt.ylabel('纵轴：振幅', fontproperties = 'SimHei',fontsize = 15)

plt.grid(True)
plt.title('正弦函数图像',fontproperties='Microsoft Yahei')
plt.legend(loc="best")    # loc='best'自动调整到合适的位置，一般是右上角。

plt.show()
```

程序运行结果如图 7.3 所示。

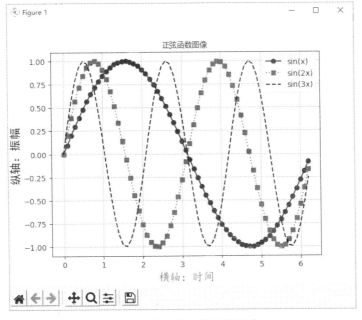

图 7.3　完整的正弦函数图像

3. 子图 subplot

一个图（figure）中可以包含多个子图（subplot），可以使用 subplot()方法添加子图，形式是 plt.subplot('行','列','编号')。如 plt.subplot(2,2,1) 表示生成两行两列（4 个子图），这是第一个图，同理 plt.subplot(2,2,2)、plt.subplot(2,2,3)、plt.subplot(2,2,4)分别表示 4 个子图中的第二、第三和第四个子图，又如创建两个子图，水平排列，程序如下：

```python
import numpy as np
import matplotlib.pyplot as plt
x = np.arange(0, 2*np.pi, 0.1)
y1=np.sin(x)
plt.subplot(1, 2, 1)    # 创建一个新的子图，网格 1×2，序号为 1
plt.plot(x, y1, "go")    # go 表示 green circle，绿色圆点
plt.title("sin(x) subplot")    # 设置子图标题


plt.subplot(1, 2, 2)    # 创建一个新的子图，网格 1×2，序号为 2
y2=np.sin(2*x)
plt.plot(x, y2, "r^")    # r^ 表示 红色(red)三角
plt.title("sin(2x) subplot")
plt.suptitle("正弦  subplots",fontproperties = 'SimHei')    # 设置标题
plt.show()
```

程序运行结果如图 7.4 所示。

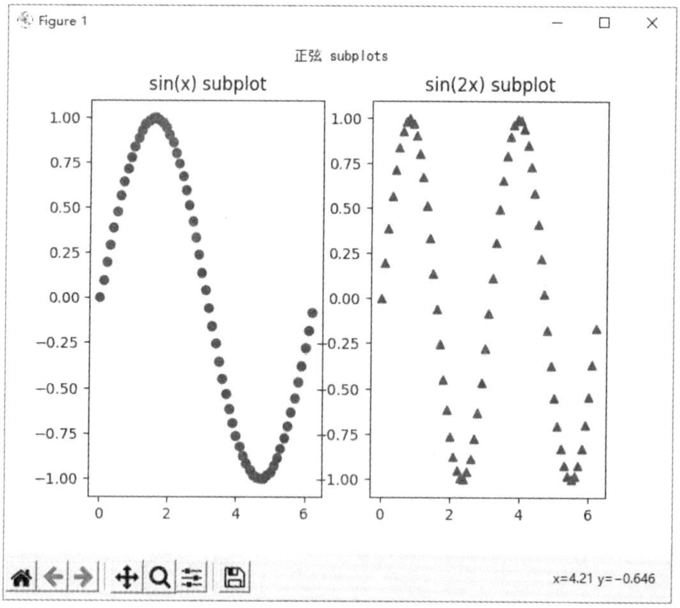

图 7.4　绘制横排子图

把上面的程序中 plt.subplot(1, 2,1)、plt.subplot(1, 2, 2)简单修改成 plt.subplot(2, 1, 1)、plt.subplot(2, 1, 2)，则子图由横排变成竖排显示，如图 7.5 所示。

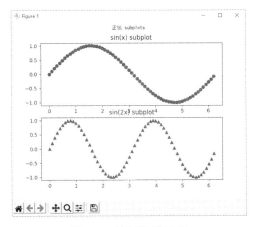

图 7.5　绘制竖排子图

7.1.2　常用图形

1. 折线图

折线图主要用于表示数据变化的趋势，将不同的点连接起来，如：

```
import matplotlib.pyplot as plt
plt.rcParams['font.sans-serif']='SimHei'    #显示中文设计
x = ['电脑','手机','平板','路由器']
sales = [5010,11031,3048,4256]    # 构建数据
plt.plot(x,sales,'r',)
plt.title('电子产品 1 月份销量图',fontproperties = 'SimHei',fontsize = 15)
plt.ylim([2000,15000])
for x,y in enumerate(sales):
    plt.text(x,y+100,'%s' %y,ha='center')    # 为每个点添加数值标签
plt.show()
```

程序运行结果如图 7.6 所示。

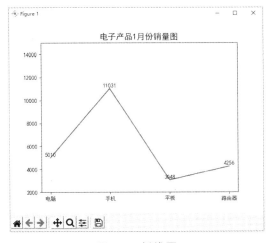

图 7.6　折线图

2. 条形图

条形图能够很好地反映不同类别的多组数据的数据特征，条形图是一种以长方形或长方体的高度为变量表达图形的统计报告图。画条形图的方法为：

plt.bar(left, height, width=0.8, bottom=None, hold=None, data=None)

其中，参数 left 表示每一个条形左侧的 x 坐标；height 表示每一个柱形的高度；width 表示条形之间的宽度；bottom 表示条形的 y 坐标；color 表示条形的颜色，如根据三个随机高度生成条形图，程序如下：

```python
import numpy as np
import matplotlib.pyplot as plt
x = np.arange(1,6)
a = np.random.random(5)
b = np.random.random(5)
c = np.random.random(5)
total_width=0.8
width = total_width/3
x = x - (total_width - width) / 2
plt.bar(x, a,   width=width, label='a')
plt.bar(x + width, b, width=width, label='b')
plt.bar(x + 2 * width, c, width=width, label='c')
plt.legend()
plt.show()
```

程序运行结果如图 7.7 所示。

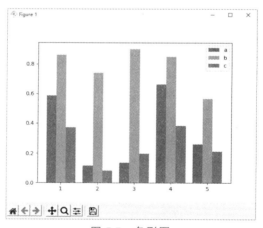

图 7.7　条形图

3. 饼　图

饼图主要用来表示数据的占比，饼图使用 pie() 函数绘制，其方法为：

```
plt.pie(x,            # 元组或列表，指定绘图数据
explote = None,      # 元组或列表，指定饼图的突出部分，或者切割出某一部分
labels = None,       # 元组或列表，为饼图的数据添加相应的标签说明
```

```
colors = None,          # 元组或列表，指定饼图的填充色
autopct = None,         # 格式化字符串，自动添加百分比显示
shadow = False,         # 布尔值，表示是否添加饼图的阴影效果
startangle = None,      # 数值，设置饼图初始摆放角度，即数据显示分割的起始角度
pctdistance = 0.6,      # 数值，设置百分比标签与圆心的距离
labeldistance = 1.1,    # 数值，设置各扇形标签与圆心距离
center = (0,0),         # 元组，指定饼图中心点位置
radius = None,          # 数值，设置饼图半径大小
counterclock = True,    # 布尔，顺时针或逆时针显示数据
wedgeprops = None,      # 字典，设置饼图内外边界（粗细、颜色等）
textprops = None,       # 字典，设置饼图中文本属性（字体大小、颜色等）
frame = False           # 布尔，是否显示饼图背后图框，如果为 True，则需同时控制图
```
框 x 轴、y 轴范围和饼图中心位置。

示例如下：

```
import matplotlib.pyplot as plt
labels = ['class1','class2','class3','class4']   # 名称
sizes = [15,30,45,10]   # 比例
explode = (0,0.1,0,0)   # 突出第二块，突出比例 0.1

plt.pie(
    sizes, #百分比
    explode=explode,    # 突出比例
    labels=labels,   #名称
    autopct='%1.1f%%',   # 显示百分比方式
    shadow=False,   # 阴影效果
    startangle=90   # 饼图起始的角度、度数，默认 0 为右侧水平 180°开始，逆时针旋转
)
plt.axis('equal')   # 正圆形饼图，x/y 轴尺寸相等。默认是扁图。

plt.show()
```
程序运行结果如图 7.8 所示。

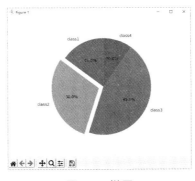

图 7.8　饼图

4. 散点图

散点图是一些离散点的集合,其作用是判断两个变量之间关系的强弱或者是否存在关系。散点图由 scatter()方法绘制,其简单形式为 plt.scatter(x,y),其他参数可以取默认值,如下程序显示了年度 GDP 数据值的变化。

```
import matplotlib.pyplot as plt
plt.rcParams['font.sans-serif']='SimHei'
years = [2014, 2015, 2016, 2017, 2018, 2019, 2020, 2021]
gdps = [356, 389, 402, 326, 359, 410, 422, 438]
plt.ylabel('gdp 指标')
plt.xlabel("年份")
plt.scatter(years,gdps)
plt.title('年份与 GDP 的关系图')
plt.show()
```

程序运行结果如图 7.9 所示。

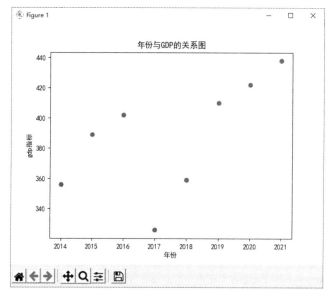

图 7.9　散点图

5. 雷达图

雷达图可以用来显示一个周期数值的变化,也可以用来展示对象/维度之间的关系,其方法是 polar(),调用形式为:plt.polar()。

如下程序显示程序语言课的成绩变化关系。

```
import numpy as np
import matplotlib.pyplot as plt
courses = ["C++","Python","Java","C","C#","Go","Matlab"]
scores = [82,100,90,78,40,66,88]
```

```
datalength = len(scores)
angles = np.linspace(0,2*np.pi,datalength,endpoint=False)    # 均分极坐标
scores.append(scores[0])    # 在末尾添加第一个值，保证曲线闭合
angles = np.append(angles,angles[0])
plt.polar(angles,scores,"rv-",lw=2)
plt.fill(angles,scores,facecolor="r",alpha=0.4)
plt.show()
```

程序运行结果如图 7.10 所示。

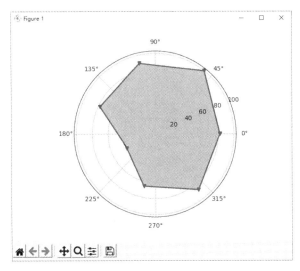

图 7.10　雷达图

7.1.3　三维图形

三维（3D）图形在数据分析、数据建模、图形和图像处理等领域中有着广泛的应用，在 Python 中使用 Matplotlib 进行 3D 绘图，包括 3D 散点、3D 曲面、3D 直线（曲线）以及 3D 柱图等的绘制。

三维绘图需创建 Axes3D 对象，通过方法 plt.axes(projection='3d')实现，在 Axes3D 对象的基础上调用表 7.4 所示的方法绘制不同类型的 3D 图形。

表 7.4　3D 绘图方法

三维绘图方法	功能简要说明
ax.plot(x,y,z,label=' ')	绘制三维曲线
ax.plot_surface(x, y, z)	绘制三维曲面
ax.scatter(xs, ys, zs, s=20, c=None, depthshade=True)	绘制三维散点图
ax.bar3d(x, y, z, dx, dy, dz, color=None, zsort='average'))	绘制三维柱状图

1. 绘制三维曲线

```
import numpy as np
```

```
import matplotlib.pyplot as plt
fig = plt.figure()
ax = plt.axes(projection='3d')   # 生成 Axes3D 对象
z = np.linspace(-5, 5, 50)   # 使用 linspace 方法定义 z 坐标
x = 5 * np.sin(z)   # 定义 x 坐标
y = 5 * np.cos(z)   # 定义 y 坐标
ax.plot3D(x, y, z, 'gray')   # 实现三维图的绘制
plt.show()   # 显示绘制的图像结果
```

程序运行结果如图 7.11 所示。

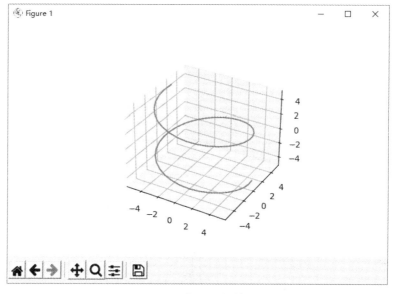

图 7.11　简单三维绘图

2. 绘制三维曲面

```
import numpy as np
import matplotlib.pyplot as plt
fig = plt.figure()
ax3 = plt.axes(projection='3d')
x = np.arange(-5, 5, 0.1)   # 定义 x 坐标
y = np.arange(-5, 5, 0.1)   # 定义 y 坐标
X, Y = np.meshgrid(x, y)   # meshgrid 生成网格点坐标矩阵
Z = 10 * np.log(1000 - X ** 2 - Y ** 2)   # Z 的函数关系式
# 显示图像，cmap 参数是设置图形样式的，rainbow 为彩虹状
ax3.plot_surface(X, Y, Z, cmap='rainbow')
plt.show()
```

程序运行结果如图 7.12 所示。

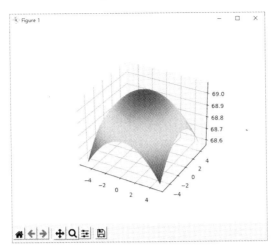

图 7.12 三维绘图

3. 绘制三维散点图

```
from matplotlib import pyplot as plt
import numpy as np
#定义坐标轴

fig = plt.figure()
ax = plt.axes(projection= '3d')
#生成三维数据
xx = np.random.random( 20)* 10- 5    #取 100 个随机数，范围为 – 5~5

yy = np.random.random( 20)* 10- 5
X, Y = np.meshgrid(xx, yy)
Z = np.sin(np.sqrt(X** 2+Y** 2))
ax.scatter(X,Y,Z)    #生成散点
#设定显示范围

plt.show()
```

程序运行结果如图 7.13 所示。

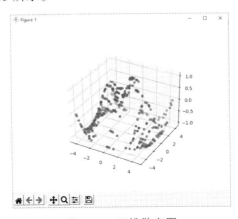

图 7.13   三维散点图

4. 绘制三维柱状图

绘制三维柱状图的方法为 ax.bar3d(X, Y, bottom, width, height, Z, shade=True)。其中 X、Y 为柱子在 XY 平面的起始坐标；bottom 为柱子在 Z 轴上的起始坐标；width、height 为柱子的长宽；Z 为数字沿 Z 轴的长度；shade 为是否显示阴影。

```
import matplotlib.pyplot as plt
import numpy as np
fig = plt.figure()
ax = plt.axes(projection= '3d')
for c, z in zip(['r', 'g', 'b', 'y'], [30, 20, 10, 0]):
    xs = np.arange(20)
    ys = np.random.rand(20)
    cs = [c] * len(xs)
    cs[0] = 'c'
    ax.bar(xs, ys, zs=z, zdir='y', color=cs, alpha=0.8)
ax.set_xlabel('X')
ax.set_ylabel('Y')
ax.set_zlabel('Z')
plt.show()
```

程序运行结果如图 7.14 所示。

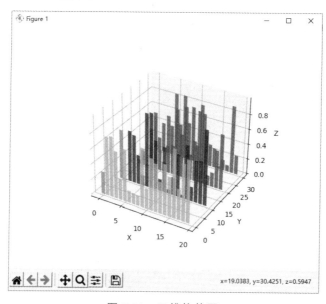

图 7.14　三维柱状图

5. 绘制三维等高图

```
from matplotlib import pyplot as plt
import numpy as np
#定义坐标轴
```

```
fig = plt.figure()
ax = plt.axes(projection= '3d')
#生成三维数据

xx = np.arange(- 5, 5, 0.1)
yy = np.arange(- 5, 5, 0.1)
X, Y = np.meshgrid(xx, yy)
Z = np.sin(np.sqrt(X** 2+Y** 2))
#作图
ax.plot_surface(X,Y,Z,alpha= 0.3,cmap= 'winter') #生成表面，alpha 用于控制透明度
ax.contour(X,Y,Z,zdir= 'z', offset=- 3,cmap= "rainbow") #生成 z 方向投影，投到 x-y 平面
ax.contour(X,Y,Z,zdir= 'x', offset=- 6,cmap= "rainbow") #生成 x 方向投影，投到 y-z 平面
ax.contour(X,Y,Z,zdir= 'y', offset= 6,cmap= "rainbow") #生成 y 方向投影，投到 x-z 平面
#设定显示范围
ax.set_xlabel( 'X')
ax.set_xlim(- 6, 4) #拉开坐标轴范围显示投影
ax.set_ylabel( 'Y')
ax.set_ylim(- 4, 6)
ax.set_zlabel( 'Z')
ax.set_zlim(- 3, 3)
plt.show()
```

程序运行结果如图 7.15 所示。

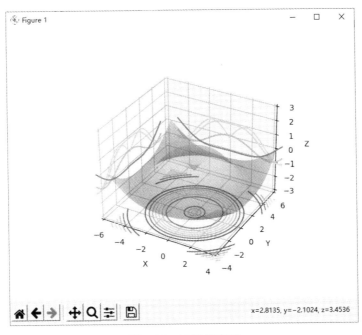

图 7.15 三维等高图

7.2 Seaborn 库

使用 Matplotlib 库可以绘制线图、条形图等图形，但绘图并没有那么精细。Matplotlib 比 Pandas 开发更早，不能很好地支持 DataFrame 数据。Seaborn 是一种基于 Matplotlib 的图形可视化库，具有基于数据集的 API（应用程序编程接口），允许在多个变量之间进行比较，支持多个绘图网格，从而可以减轻数据可视化任务，同时能高度兼容 NumPy 与 Pandas 数据结构以及 SciPy 和 statsmodels 等统计模式，能高效地观察分析数据。

Seaborn 是扩展库，使用前需提前安装，Seaborn 相关的安装包有 NumPy、Matplotlib、Pandas 和 statsmodels，这些安装包先于 Seaborn 库安装。

7.2.1 Seaborn 库常用方法

使用前先导入 import seaborn as sn，seaborn 库内置了一些经典数据集，如 tips、titanic、iris 等，可以通过以下方法依次导入。

```
tips = sn.load_dataset("tips")
titanic = sn.load_dataset("titanic")
iris = sn.load_dataset("iris")
```

1. 风格选择

sn.set()可以用来重置 Seaborn 默认的主题和风格,它们分别是:darkgrid(默认)、whitegrid、dark、white 和 ticks，如表 7.5 所示。

表 7.5　风格选择

方　法	简要功能说明
sn.set()	设置画图空间为 Seaborn 默认风格
sn.set_style(strStyle)	设置画图空间为指定风格，分别有 darkgrid、whitegrid、dark、white、ticks
sn.despine()	隐藏右边和上边的边框线
sn.despine(offset = 10)	设置纵横两轴近原点端点距离原地的距离
sn.despine(left = True)	在隐藏右和上边框线的同时，隐藏左边线
with sn.axed_style("darkgrid") :	此背景风格设置只对冒号后对应缩进内画的图有效，其他区域不变
sn.color_palette()	调色板，画图时可以从它的对象中提取颜色，不上传参数会循环 6 个默认的颜色：deep、muted、pastel、bright、dark、colorblind

2. 绘图图形选择

常见的绘图方法如表 7.6 所示。

表 7.6 绘图方法

绘图方法	图的类型
sn.barplot(x, y, hue, data)	绘制柱状图
sn.countplot(x, data)	绘制灰度柱状图
sn.pointplot(x, y, hue, data)	绘制点图
sn.stripplot(x, y, data, jitter)	绘制航线图
sn.swarmplot(x, y, hue, data)	绘制标图
sn.boxplot(x, y, hue, data)	绘制箱图
sn.violinplot(x, y, hue, data)	绘制提琴图
sns.catplot(x, y, hue, col, data, kind)	绘制统计图

7.2.2 统计图

1. 统计柱状图 barplot（均值和置信区间）

```
import numpy as np
import matplotlib.pyplot as plt
import seaborn as sn
sn.set(style="whitegrid", color_codes=True)
np.random.seed(2021)
titanic = sn.load_dataset("titanic")
sn.barplot(x="sex", y="survived", hue="class", data=titanic)
plt.show()
```

程序运行结果如图 7.16 所示。

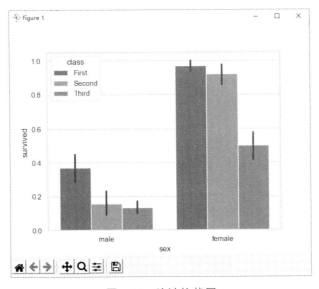

图 7.16　统计柱状图

2. 灰度柱状图 countplot

```
import numpy as np
import matplotlib.pyplot as plt
import seaborn as sns
sn.set(style="whitegrid", color_codes=True)
np.random.seed(2017)
titanic = sn.load_dataset("titanic")
sn.countplot(x="class", data=titanic)
plt.show()
```
程序运行结果如图 7.17 所示。

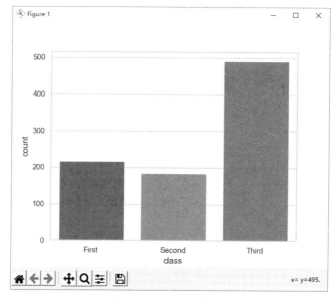

图 7.17　灰度柱状图

3. 点图 pointplot（均值和置信区间）

```
import numpy as np
import matplotlib.pyplot as plt
import seaborn as sns
sn.set(style="whitegrid", color_codes=True)
np.random.seed(2017)
titanic = sns.load_dataset("titanic")
sn.pointplot(x="class", y="survived", hue="sex", data=titanic,
             palette={"male": "g", "female": "m"},
             markers=["^", "o"], linestyles=["-", "--"])
plt.show()
#palette 参数设置线点颜色，markers 参数设置线点样式
```
程序运行结果如图 7.18 所示。

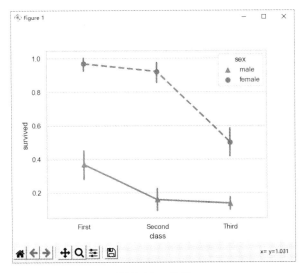

图 7.18 点图

7.2.3 散点图

当有一维数据是分类数据时，散点图成为条带形状。

1. 航线图 stripplot，设置参数添加抖动方法 jitter=True（点的直接展示）

```
import numpy as np
import matplotlib.pyplot as plt
import seaborn as sns
sn.set(style="whitegrid", color_codes=True)
np.random.seed(2017)
tips = sns.load_dataset("tips")
sn.stripplot(x="day", y="total_bill", data=tips, jitter=True)
plt.show()
```

程序运行结果如图 7.19 所示。

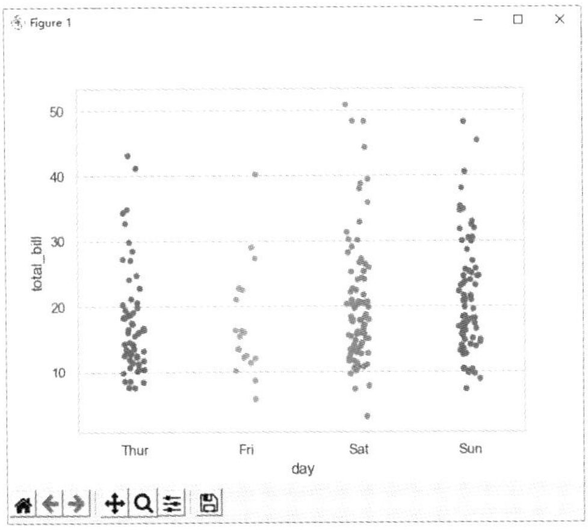

图 7.19 航线图

2. 蜂群图 swarmplot，避免散点重叠（点的直接展示）

```
import numpy as np
import matplotlib.pyplot as plt
import seaborn as sns
sn.set(style="whitegrid", color_codes=True)
np.random.seed(2017)
tips = sns.load_dataset("tips")
sn.swarmplot(x="day", y="total_bill", hue="sex", data=tips)
plt.show()
```

程序运行结果如图 7.20 所示。

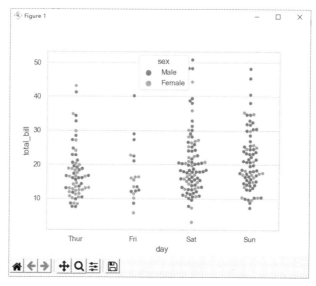

图 7.20　蜂群图

7.2.4　分布图

1. 箱式图 boxplot()

箱式图（Boxplot）是一种显示一组数据分散情况资料的统计图。它能显示出一组数据的最大值、最小值、中位数及上下四分位数，其方法为：

```
seaborn.boxplot(x=None, y=None, hue=None, data=None, order=None,
                hue_order=None, orient=None, color=None, palette=None,
                saturation=0.75, width=0.8, dodge=True, fliersize=5,
                linewidth=None, whis=1.5, notch=False, ax=None)
```

其中，x 表示横轴，可以是列名（如果 data 是 DataFrame 的话）或数据；y 表示纵轴，可以是列名（如果 data 是 DataFrame 的话）或数据；data 表示 DataFrame、数组或者列表类型的数组；orient 表示绘图方向。如：

```
import numpy as np
import matplotlib.pyplot as plt
```

```
import seaborn as sns
sn.set(style="whitegrid", color_codes=True)
np.random.seed(2017)
tips = sn.load_dataset("tips")
sn.boxplot(x="day", y="total_bill", hue="time", data=tips)
plt.show()
```
程序运行结果如图 7.21 所示。

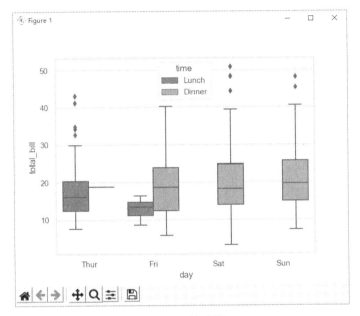

图 7.21　箱式图

2. 提琴图 violinplot：箱式图+KDE（近似分布）

```
import numpy as np
import matplotlib.pyplot as plt
import seaborn as sns
sn.set(style="whitegrid", color_codes=True)
np.random.seed(2017)
tips = sn.load_dataset("tips")
sn.violinplot(x="day", y="total_bill", hue="time", data=tips, \
              bw=2, scale="count", scale_hue=False)  #bw 设置带宽，scale 设置每个
```
提琴的相对大小（count 表示带宽除相应桶内频数），scale_hue 设置缩放是按 hue 里最大宽度
归一化(False)，还是按单个 violin 归一化(True)

```
#可以交换 x、y 坐标，即横着的提琴图
plt.show()
```
程序运行结果如图 7.22 所示。

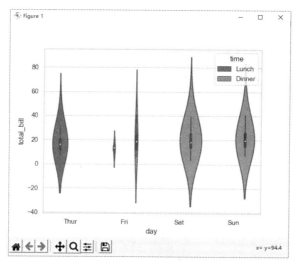

图 7.22　提琴图

3. 非对称提琴图：violinplot 里的 split=True 参数

```
import numpy as np
import matplotlib.pyplot as plt
import seaborn as sns
sn.set(style="whitegrid", color_codes=True)
np.random.seed(2017)
tips = s.load_dataset("tips")
sn.violinplot(x="day", y="total_bill", hue="sex", data=tips, split=True, inner="stick")
#inner 参数绘制实例点
plt.show()
```

程序运行结果如图 7.23 所示。

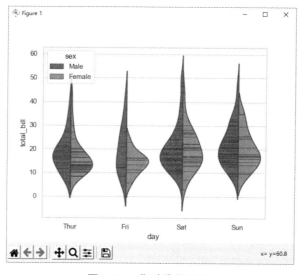

图 7.23　非对称提琴图

7.2.5 统计子图

1. 单分类标准的子图 catplot

```
import numpy as np
import matplotlib.pyplot as plt
import seaborn as sns
sn.set(style="whitegrid", color_codes=True)
np.random.seed(2017)
tips = sn.load_dataset("tips")
sns.catplot(x="day", y="total_bill", hue="smoker", col="time", data=tips, kind="swarm")
plt.show()
```

程序运行结果如图 7.24 所示。

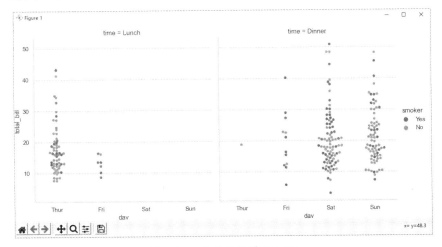

图 7.24　单分类标准的子图

2. 多分类标准的子图 PairGrid

```
import numpy as np
import matplotlib.pyplot as plt
import seaborn as sns
sn.set(style="whitegrid", color_codes=True)
np.random.seed(2017)
tips = sn.load_dataset("tips")
g = sn.PairGrid(tips,
                x_vars=["smoker", "time", "sex"],
                y_vars=["total_bill", "tip"],
                aspect=.75, height=3.5)
g.map(sns.violinplot, palette="pastel");    #palette 参数设置颜色
plt.show()
```

程序运行结果如图 7.25 所示。

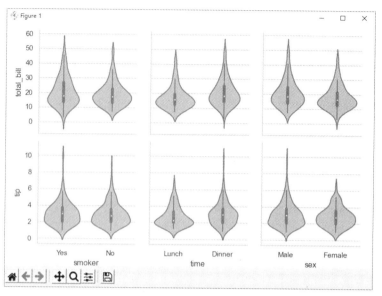

图 7.25　多分类标准的子图

练习题

一、选择题

1. 关于 Matplotlib 的描述，以下选项中错误的是（　　）。

　　A. Matplotlib 主要进行二维图表数据展示，广泛用于科学计算的数据可视化。

　　B. Matplotlib 是提供数据绘图功能的第三方库。

　　C. Matplotlib 是 Python 生态中最流行的开源 Web 应用框架。

　　D. 使用 Matplotlib 库可以利用 Python 程序绘制多种可视化效果。

2. 在 Matplotib 中，最常用的模块是（　　），它提供了一套类似 MATLAB 的接口和命令。通常，绘图时都需要导入该模块。

　　A. plot　　　　　　B. pyplot　　　　　C. plotpy　　　　　　D. plotlib

3. 创建一个大小为 8×6 英寸的图形，每英寸 80 个点的方法为（　　）。

　　A. plt.figure(figsize=(8, 6), dpi=80)

　　B. plt.figure(figsize=(6, 8), dpi=80)

　　C. plt.figure(figsize=8x6, dpi=80)

　　D. plt.figure(figsize=6x8, dpi=80)

4. 创建一个新的子图，1×2 的网格，索引为 3，其方法为（　　）。

　　A. plt.subplot(2, 1, 3)　　　　　　B. plt.subplot(1, 2, 3)

　　C. plt.subplot(3, 1, 2)　　　　　　D. plt.subplot(3, 2, 1)

5. 通常一个数据图形包含一个 2D/3D 坐标系，数据图形除了通过子图（subplot）创建，还可以通过坐标系创建，下列（　　）是通过坐标系创建的。

A. plt.axes()　　　　B. plt.axes(rect, projection=None, polar=False, **kwargs)

C. plt.axes(ax)　　　D. plt.axis(ax)

6. 在 Matplotlib 中，绘制图形时，可以设置一些属性，包括（　　　）。

A. 网格属性　　　B. dpi　　　C. 颜色和样式　　　D. 图形大小

7. Seaborn 是一种基于 Matplotlib 的图形可视化库，Seaborn 依赖的安装包有（　　　）。

A. NumPy　　　B. Matplotlib　　　C. Pandas　　　D. statsmodels

8. Seaborn 默认的主题和风格有（　　　）。

A. darkgrid　　　B. whitegrid　　　C. dark　　　D. white 和 ticks

9. 用 Seaborn 绘制柱状图的方法是（　　　）。

A. sn.barplot()　　　B. sn.countplot()　　C. sn.pointplot()　　　D. sn.stripplot()

10. 箱式图是一种显示一组数据分散情况的统计图。它能显示出一组数据的（　　　）。

A. 最大值　　　B. 最小值　　　C. 中位数　　　D. 上下四分位数

二、填空题

1. 导入 matplotlib.pyplot 并命名为 plt,创建一个 figure 对象 fig 的方法是_____。

2. 使用 add_axes 命令在[0,0,1,1]位置创建坐标轴,并命名为 ax 的方法是_____,
设置 titles 和 labels 的方法分别是_____。

3. 使用 x、y、z 数组创建图形，设计 x、y 的定义域的方法是_____, _____。

4. Matplotlib 绘图的三个核心是_____、_____、_____。

5. 使用 matplotlib.pyplot 绘图，网格线开关是_____。

6. 使用 matplotlib.pyplot 绘图，保存图像的方法是_____。

7. 使用 matplotlib.pyplot 绘图，常用的绘图方法有：曲线图_____，直方图_____，散点图_____，箱式图_____，饼状图_____。

三、实践操作题

1. 已知某年三月份每天天气的最低和最高温度数据如下，请画出折线图并保存。

y1 = [9,6,5,8,7,8,9,5,8,7,9,12,10,13,11,16,13,13,12,13,12,13,14,16,16,14,15,16,15,16,14]

y2=[12,11,15,18,14,13,14,13,12,17,19,17,14,18,17,17,18,15,17,15,16,19,18,21,19,18,18,19,17,18,20]

2. 绘制函数 $f(x) = \sin^2(x-2)e^{-x^2}$ 在区间[0,2]上的图形，并增加轴标签、增加图题、显示图例等。

3. 据国家新闻出版广电总局 2019 年 12 月 31 日晚发布的数据：2019 年内地电影票房前 20 的电影（列表 x）和电影票房数据（列表 y），请绘制条形图直观地展示数据。

x = ["娜吒之魔童降世","流浪地球","复仇者联盟 4:终局之战","我和我的祖国","中国机长","疯狂的外星人","飞驰人生","烈火英雄","少年的你","速度与激情:特别行动","蜘蛛侠:英雄远征","扫毒 2 天地对决","误杀","叶问 4","大黄蜂","攀登者","惊奇队长","比悲伤更悲伤的故事","哥斯拉 2:怪兽之王","阿丽塔:战斗天使"]

y=[49.34,46.18,42.05,31.46,28.84,21.83,17.03,16.76,15.32,14.18,14.01,12.85,11.97,11.72,11.38,10.88,10.25,9.46,9.27,8.88]

第8章 Python 办公自动化

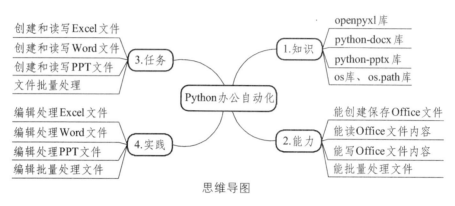

思维导图

办公自动化（Office Automation，OA）是现代化办公和计算机技术结合起来的一种新型办公方式。Python办公自动化是指通过Python编写程序操作Office办公中常用的Word、Excel和PPT软件，实现数据读取、写入和处理自动化操作。例如，假设需要将几千个Excel文件中的数据进行统计，对上万条数据的Excel文件进行数据分析处理，根据已有数据快速制作大量图表到PPT中，成千上万份Word文件中的公司名称变更、批量修改等，对于上述工作场景，如果不通过编程的方式处理，要一条条数据、一个个文件进行修改，既费时费力，又容易出错，而使用Python自动化处理，上面这些场景很可能只需要短短几行代码就能快速完成。虽然Office办公软件自带的VBA（Visual Basic 宏语言）也能够实现部分自动化处理，但Python功能更强大，代码更简单。

8.1 Excel 表数据自动处理

电子表格Excel是常用的办公软件之一，使用频率非常高，其主要功能是进行数据存储、分析和处理。Python程序通过xlrd和xlwt模块读写Excel2003(.xls)版本的文件，而Excel2007(.xlsx)及以上版本使用openpyxl模块读写。Python处理Excel文件的优点是批量处理数据，简洁高效。本节主要介绍openpyxl模块，使用前必须先安装。

一个Excel电子表格文件为工作簿（Workbook），每个工作簿可以包含多个工作表（Sheet），如sheet1、sheet2等，用户当前用的表为活动表（active sheet）。在工作表中，列（column）地址是从A开始的；行（row）地址是从1开始的；单元格（cell）指的是特定行和列的方格，例如 sheet1 ['A1']表示工作表 sheet1 中第 A 列第 1 行的单元格。

8.1.1 创建工作表

创建并保存一个.xlsx文件的方法是 Workbook()和 save()，示例如下：

```
import openpyxl
```

```
wb = openpyxl.Workbook()
wb.save('d://myworkbook.xlsx')
```

单纯创建一个 Excel 文件是非常简单的,只需先实例化一个 Workbook 对象,然后用 save()
方法保存即可,并且可以看到创建的文件默认有一个 Sheet 工作表,还可更改工作表名称(title
属性),如:

```
ws = wb.active #获取活跃的工作表（即默认的 Sheet 工作表）
ws.title = 'test_sheet1'
```

创建新的工作表时, 使用 create_sheet()函数来创建一个新工作表,如:

```
wb.create_sheet('new_ws1')
```

可以发现, 在默认的工作表右侧多出了一个 "new_ws1" 工作表, 并且可以使用该方法
的 index 参数来指定工作表生成的位置, 如:

```
wb.create_sheet('new_ws2', 0)
```

index 为 0 表示是第一个 sheet, 也可以直接打印出表格的所有工作簿名称,如:

```
print(wb.sheetnames)
```

如果要删除工作表, 可使用 del 或 wb.remove()方法。接上面程序,现在分别用两种方法
删除工作表, 程序如下:

```
del wb['new_ws1']
wb.remove(wb['Sheet'])
print(wb.sheetnames)
```

拷贝工作表的方法是 copy_worksheet(), 如:

```
ws = wb['Sheet']
s_copy = wb.copy_worksheet(ws)
```

例 8.1 假设一个大学有多个学院,为每个学院创建一个工作表保存数据,程序如下:

```
from openpyxl import Workbook
yuanxicoding=['材料学院','电气信息学院','数理学院','外语学院','计算机学院']

wb = Workbook()

for sheetName in yuanxicoding:
    ws = wb.create_sheet(sheetName)
wb.save('d:\\school.xlsx')    #保存位置可以修改
```

运行上面的程序后, 在 d 盘找到 school.xlsx 文件, 打开看到如图 8.1 所示的工作表。

图 8.1　创建工作表

8.1.2　向工作表添加数据

前面知道了如何创建一个 Excel 表，下面开始向指定 Sheet 内某单元格添加数据，有两种方法：一种是通过单元格 cell 直接添加数据，ws['A1']表示 ws 表 A 列 1 行单元格，如：

```
ws['A1'] = '姓名'  #ws 为已获取到的表对象
ws['B1'] = '年龄'  #ws['B1']是一个单元格对象，具有行、列和坐标属性
```

另一种是将列表或字典作为参数，使用 ws.append()方法添加数据。如果参数是一个列表，那么将会把列表中的每一个元素从第一个空白行开始依次插入表中；如果参数是一个字典，如 data ={'张三':1, '李四':2, '王五':3}，将 data 插入表格中，可以将字典的每个键值对转化为列表再插入到工作表中。

例 8.2　创建姓名年龄工作表，把 data ={'张三':1, '李四':2, '王五':3 }插入到表中。

```
import openpyxl
wb = openpyxl.Workbook()
ws = wb.active  #获取活跃的工作表（即默认的 Sheet 工作表）

ws.title = 'test_sheet1'
ws['A1'] = '姓名'  #ws 为已获取到的单元表对象
ws['B1'] = '年龄'
data ={'张三':1, '李四':2, '王五':3 }
big_list = []
for each_key in data:  #把 data 转化为列表并存在空列表 big_list 中
    big_list.append([each_key, data[each_key]])  #这里的 append 是列表的 append 方法
#将大列表内的每个小列表插入工作表
for each_small_list in big_list:
    ws.append(each_small_list)
wb.save('d://myworkbook.xlsx')
```

程序运行后，在 d 盘查看生成的文件 d://myworkbook.xlsx，打开显示如图 8.2 所示。

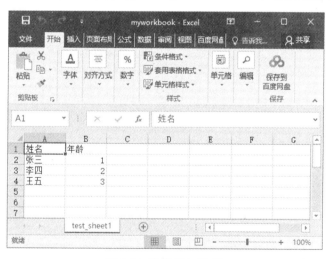

图 8.2　表在添加数据

8.1.3　处理已有的工作表数据

读取已有的 Excel 表格，使用 openpyxl.load_workbook()方法来访问，参数为表格路径。
下面以之前创建的表格为例，访问指定单元格，示例如下：

```python
import openpyxl
wb = openpyxl.load_workbook(r'd://myworkbook.xlsx')
ws = wb.active
print(ws['A1'])    #ws['A1']是一个单元格对象，具有行、列和坐标属性
print(ws['A1'].value)
c = ws['A1']
print(c.row, c.column, c.coordinate)
```

程序运行结果如图 8.3 所示。

```
IDLE Shell 3.9.1                                                    —    □    ×
File  Edit  Shell  Debug  Options  Window  Help
Python 3.9.1 (tags/v3.9.1:1e5d33e, Dec  7 2020, 17:08:21) [MSC v.1927 64 bit (AMD64)
] on win32
Type "help", "copyright", "credits" or "license()" for more information.
>>>
=============== RESTART: C:/Users/Administrator/Desktop/教材程序/8.1.py =============
<Cell 'test_sheet1'.A1>
姓名
1 1 A1
>>>
                                                                        Ln: 8 Col: 4
```

图 8.3　读取 Excel 表格

当然，也可以用 offset()方法偏移单元格（第一个参数指定行，第二个参数指定列），如：

```python
c = ws['B2']    #<Cell 'test_sheet1'.B2>
cl = c.offset(0, -1)   # B2 左移一列是 A2
cr = c.offset(0, 1)    # B2 右移一列是 C2
cu = c.offset(-1, 0)    # B2 上移一行是 B1
cd = c.offset(1, 0)   # B2 下行一行是 B3
c_list = [c, cl, cr, cu, cd]
for each in c_list:
        print(each, ':', each.value)
```

切片访问单元格，如：

```python
for each_cell_tuple in ws['A2:B5']:
    for each_cell in each_cell_tuple:
            print(each_cell.value, end=' ')
```

访问指定行或指定列，如：

```python
for each_row in ws.rows:
    print(each_row)
print('\n')
```

```
for each_column in ws.columns:
    print(each_column)
```
所以，要访问某一行或某一列，加上下标索引即可，如访问该表的第二列，程序如下：
```
for each_row in ws.rows:
    print(each_row[1].value, end=" ")
```
指定范围内访问，如：
```
for each_row in ws.iter_rows(min_row=1, min_col=3, max_row=3, max_col=5):
    print(each_row)
```

8.2　Word 数据自动处理

Python 处理 Word 文件最常见的依赖库是 python-docx。该库只能操作 docx 文件，不能读取 doc 文件。先安装这个依赖库，需要注意的是，安装的时候是 python-docx，但实际用的是 docx。安装名和导入名不同，安装名为 python-新版本后缀名，导入名为新版本后缀名。python-docx 主要的功能是对 docx 文件进行操作和管理等，安装命令如下：

```
pip3 install python-docx
```
一个 Word 文档的页面结构，包括文档（Document）、段落（Paragraph）和文字块（Run），如图 8.4 所示。

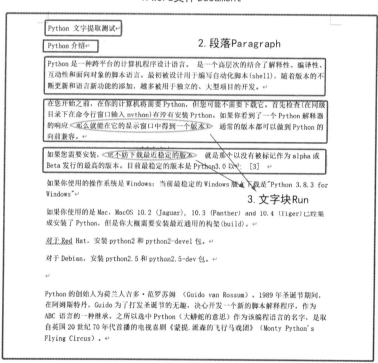

图 8.4　Word 文档结构图

8.2.1 添加文字内容

操作 Word 的内容一般包括段落、标题、列表、图片、表格、样式等。首先，使用 Document() 方法创建一个文档对象，相当于创建一个空白文档，然后保存文档，示例如下：

```
from docx import Document
doc = Document()    #新建一个空白文档
doc.save('d:\\mydocument.docx')   #保存文档
```

1. 添加标题

```
doc.add_heading("标题内容", level=标题等级)
```

使用文档对象的 add_heading(text,level) 方法可以写入标题。其中，第 1 个参数为标题内容；第 2 个参数代表标题的级别，如分别写入一级标题、二级标题、三级标题。示例如下：

```
from docx import Document
doc = Document()
doc.add_heading('一级标题', level=0)   # 写入一个一级标题
doc.add_heading('二级标题', 1)   # 写入一个二级标题
doc.add_heading('三级标题', 2)   # 写入一个三级标题
doc.save('d:\\mydocument.docx')   #保存文档
```

程序运行结果如图 8.5 所示。

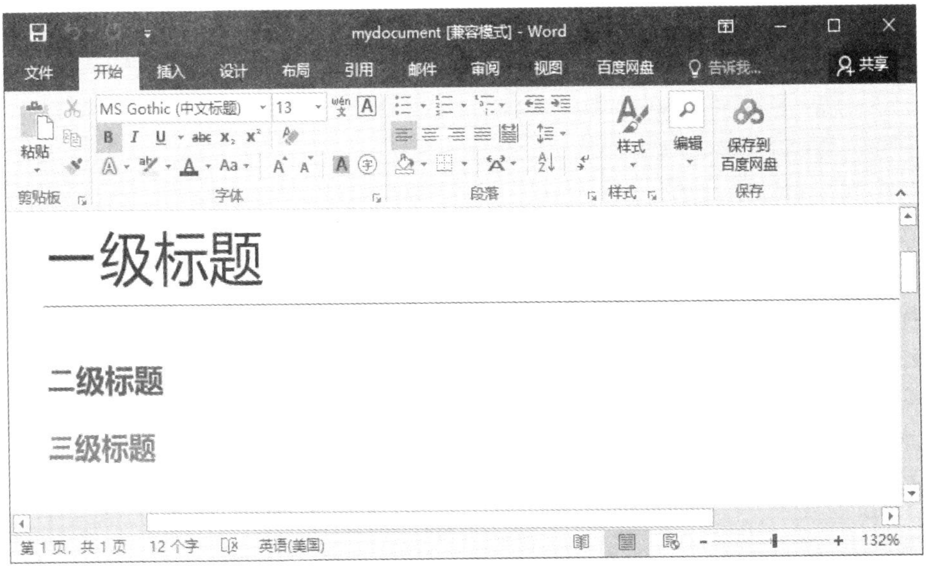

图 8.5　含标题的 Word 文档

2. 添加段落

段落 Paragraph 包含 3 类，分别是普通段落、自定义样式段落和引用段落。默认情况下，使用文档对象的 add_paragraph（text,style）方法添加一个段落。对于普通段落，假如第二个参数 style 没有传入，则代表添加一个普通段落。对于引用段落，只需要指定段落样式为 Intense Quot 即可，如：

```
from docx import Document
doc = Document()
doc.add_heading("添加一个一级标题", level=1)
paragraph1 = doc.add_paragraph("添加段落 1")
paragraph2 = doc.add_paragraph("添加段落 2")
doc.save(r'd:\\mydocument.docx')    # 保存文档
```

3. 添加文字块

添加文字块的方法为 add_run("文字内容")，如：

```
from docx import Document
doc = Document()
doc.add_heading("添加一个一级标题",level=1)
paragraph1 = doc.add_paragraph("添加段落 1")
paragraph2 = doc.add_paragraph("添加段落 2")

paragraph3 = doc.add_paragraph()
paragraph3.add_run("粗体").bold = True    #可设置一些参数
paragraph3.add_run('正常')
paragraph3.add_run('斜体').italic = True
doc.save(r'd:\\mydocument.docx')    #保存文档
```

4. 添加分页

添加分页的方法是 doc.add_page_break()，示例如下：

```
from docx import Document
doc = Document()    #新建文件
doc.add_heading("添加一个一级标题", level=1)    #标题
paragraph1 = doc.add_paragraph("添加段落 1")    #段落
paragraph2 = doc.add_paragraph("添加段落 2")

paragraph3 = doc.add_paragraph()
paragraph3.add_run("粗体").bold = True    #文字块
paragraph3.add_run('正常')
paragraph3.add_run('斜体').italic = True

doc.add_page_break()
doc.save(r'd:\\mydocument.docx')    #保存文档
```

5. 添加图片

导入 docx.shared 子模块，包含 Inches()和 Cm()方法，分别指定长度单位英寸和厘米。添加图片的方法为：doc.add_picture("图片地址",width=Cm(设置的宽度))和 doc.add_picture("图片地址",height=Cm(设置的高度))，只需要给定一个高度或者宽度，另一个尺寸会根据比例自动计算，如：

```
from docx import Document
```

```
from docx.shared import Cm
doc = Document()                                    #新建文件
doc.add_heading("添加一个一级标题", level=1)        #标题
paragraph1 = doc.add_paragraph("添加段落 1")    #段落
paragraph2 = doc.add_paragraph("添加段落 2")

paragraph3 = doc.add_paragraph()
paragraph3.add_run("粗体").bold = True              #文字块
paragraph3.add_run('正常')
paragraph3.add_run('斜体').italic = True
doc.add_page_break()                                #添加分页
doc.add_picture("d:\\aa.png",width=Cm(2))    #添加图片

doc.add_picture("d:\\aa.png",height=Cm(3))
doc.save(r'd:\\mydocument.docx')   #保存文档
```

6. 添加表格

添加表格的方法是 doc.add_table(rows=行数,cols=列数)，如：

```
from docx import Document
from docx.shared import Cm
doc = Document() #新建文件

tabs = [
    ["姓名",'学号',"成绩"],
    ['张三',101,93],
    ['李四',102,94],
    ['王五',103,98],
    ['赵六',104,100],
]
table = doc.add_table(rows=4,cols=3)   # 添加表格

for row in range(4):
    cells = table.rows[row].cells
    for col in range(3):
        cells[col].text = str(tabs[row][col])
doc.save(r'd:\\mydocument.docx')   #保存文档
```

8.2.2 提取文字

1. 提取段落

文档的 paragraphs 属性用来获取一个列表，包含每个段落的实例，如：

```
from docx import Document
doc = Document(r"d:\\mydocument.docx ")
print(doc.paragraphs)
```

```
print(len(doc.paragraphs))
```

2. 提取段落内容

段落的 text 属性用来获取段落的内容，如：

```
from docx import Document
doc = Document(r"d:\\mydocument.docx ")
for paragraph in doc.paragraphs:
    print(paragraph.text)
```

3. 获取文字块

获取文字块是通过段落的 runs 属性获取，返回文字块的一个列表，如：

```
from docx import Document
doc = Document(r"d:\\mydocument.docx ")
paragraph = doc.paragraphs[1]
runs = paragraph.runs   # paragraph.runs 获取一个列表，得到每个文字块的实例
print(runs)
```

4. 提取文字块的内容

提取文字块的内容由文字块的 text 属性获取，如：

```
from docx import Document
doc = Document(r"d:\\mydocument.docx ")
paragraph = doc.paragraphs[1]
runs = paragraph.runs
print(runs)
for run in runs:
    print(run.text)
```

8.3 PPT 数据自动处理

使用 Python 处理 PPT 文档，需要使用模块 python-pptx，使用前需要安装，安装库是 python-pptx，但是导入的是 import pptx，形式上和处理 Word 文档类似。Python 操作 PPT 最主要的功能是内容的获取和填充，而格式的修改在 PPT 软件中操作更加方便。

8.3.1 Python 读取 PPT 的内容

1. PPT 的结构

简单来说，一个 PPT 文件由展示文件（Presentation）、幻灯片页（Slide）和形状（Shape）组成，形状需要区分是否包含文本或纯图片等。如果只包含文本，可以获取内部的文本框，一个文本框又可以看作一个小的 Word 文档，包含段落（Paragraph）、文字块（Run），如图 8.6 所示。

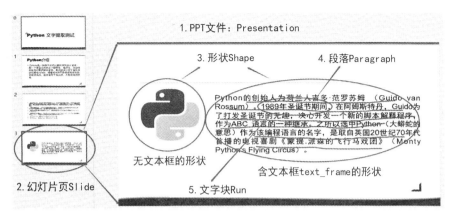

图 8.6　PPT 文档结构

Presentation()方法可以打开或创建一个 PPT 文档，返回文档对象。一个 PPT 文档对应一个 Presentation 对象，一个 Presentation 对象包含多个 Slide 对象，一个 Slide 代表一个幻灯片，每一张幻灯片的内容都是由各种形状 Shape 组成。

2. 获取 Slide

```
from pptx import Presentation
pres = Presentation("Python 科学计算语言.pptx")

for slide in pres.slides:
    print(slide)
```

3. 获取 Shape 形状

```
import pptx
from pptx import Presentation
prs = Presentation("Python 科学计算语言.pptx")

for slide in prs.slides:
  for shape in slide.shapes:
    print(shape)
```

4. 判断每个 Shape 中是否存在文字

shape.has_text_frame 属性表示是否有文字，shape.text_frame 属性表示获取文字框，如：

```
import pptx
from pptx import Presentation
prs = Presentation("Python 科学计算语言.pptx")

for slide in prs.slides:
    for shape in slide.shapes:
        if shape.has_text_frame:
            text_frame = shape.text_frame
            print(text_frame.text)
```

5. 获取某一页 Slide 中的内容

```
import pptx
from pptx import Presentation
prs = Presentation("Python 科学计算语言.pptx")

for i,slide in enumerate(prs.slides):
 if i == 5:
   for shape in slide.shapes:
     if shape.has_text_frame:
       text_frame = shape.text_frame
       print(text_frame.text)
```

6. 获取 Shape 中的某个 Paragraph

```
import pptx
from pptx import Presentation
prs = Presentation("Python 科学计算语言.pptx")

for i,slide in enumerate(prs.slides):
 if i == 5:
   for shape in slide.shapes:
     if shape.has_text_frame:
       text_frame = shape.text_frame
       for paragraph in text_frame.paragraphs:
           print(paragraph.text)
"""
```

注意：该方法和上述 4 种方法一模一样。上述方法是直接获取 Shape 中的文字内容；下面这个方法更灵活，先获取每个 Shape，然后再获取每个 Shape 中的 Paragraph。下面方式更好，因为可以针对 Paragraph，写一个判断条件，只获取第几个 Paragraph。
"""

8.3.2　Python 向 PPT 中写内容

1. presentations

Presentation()用于打开、创建 PPT 文档，save()方法用于保存文档，用法如下：

```
from pptx import Presentation
pres1 = Presentation()  # 创建新的 PPT 文档
pres2= Presentation('d:\\input.pptx')  # 打开已有的一个 PPT 文档
pres1.save('d:\\test.pptx')  # 保存 PPT 文档
```

2. slides

在创建一页 PPT 时，需要指定对应的布局 slide_layouts[]。在该模块中，内置了以下 9 种布局，通过数字下标 0 到 8 作为参数来访问，分别是 Title、Title and Content、Section Header、Two Content、Comparison、Title Only、Blank、Content with Caption 和 Picture with Caption。如：

```
slide_layout = pres.slide_layouts[0]   #指定布局
slide = pres.slides.add_slide(slide_layout)   #添加 slide
```

3. shapes

shapes 表示容器，在制作 PPT 时，各种基本元素，比如文本框、表格、图片等都占据了 PPT 的一部分，或者是矩形区域，或者是其他各种自定义的形状。shapes 汇总了所有基本元素，通过如下方式来访问对应的 shapes 并设置属性：

```
shapes = slide.shapes
shapes.text = 'hello world'   #获取和设置其各种属性，比如最常用的 text 属性
```

还可以通过 add 系列方法来添加各种元素，如添加文本框 shapes.add_textbox(left, top, width, height)，添加表格 shapes.add_table(rows, cols, left, top, width, height).table。

4. placeholders

shapes 表示所有基本元素的总和，而 placeholders 则表示每一个具体的元素，所以 placeholders 是 shapes 的子集，通过数字下标来访问对应的 placeholder，如：

```
slide.placeholders[1]
slide.placeholders[1].name
```

placeholders 是页面上已有的元素，获取对应的 placeholders 之后，可以通过 insert 系列方法来向其中新添元素。

例 8.3　新建幻灯片，添加第一页，增加标题。

```
import pptx
pre = pptx.Presentation()   #初始化一个空的 PPT 文档
slide_layout = pre.slide_layouts[0]   #使用 PPT 自带模板，布局 0 是主标题和副标题
slide=pre.slides.add_slide(slide_layout)   #使用上述模板添加一张 slide 幻灯片
title=slide.shapes.title   #获取本页幻灯片的 title 元素
subtitle=slide.placeholders[1]   #placeholders 占位符索引，获取一页幻灯片中的元素
#设置主标题和副标题
title.text='Hello World'
subtitle.text='python-pptx using test'
pre.save('d:\\mytestppt.pptx')
```

例 8.4　将文字从 PPT 中提取出来并写入 Word 文档，部分程序如下：

```
for slide in pptx.slides:
    # 遍历幻灯片页的所有形状

    for shape in slide.shapes:
    # 判断形状是否含有文本框，如果含有，则顺序运行代码

        if shape.has_text_frame:
            # 获取文本框

            text_frame = shape.text_frame
            # 遍历文本框中的所有段落

            for paragraph in text_frame.paragraphs:
```

```
        # 将文本框中的段落文字写入 Word 中
        wordfile.add_paragraph(paragraph.text)
save_path = r'xxxxxxxx'
wordfile.save(save_path)
```

8.4　文件批量处理

文件批量处理是指批量修改或创建文件名、批量生成文档、批量修改路径等重复性操作。如果一个个文件手工操作，效率低下，Python 在批量处理文件时有很大的优势，成千上万的文件修改只需短短几秒的时间。Python 通过 os（operating system）模块批量处理文件，使用 os 模块，既可以方便地与操作系统进行交互，又可以极大增强代码的可移植性。os 模块提供了 Python 程序与操作系统交互的接口，是 Python 文件的操作标准库，不需要安装，使用时需要导入 import os。

8.4.1　os 模块的用法

Python 标准库 os 模块包含普遍的操作系统功能，导入 os 模块后可以通过 print(dir(os)) 查看该模块的方法列表，通过 help(os) 查看详细的模块函数及其用法。在文件管理方面，主要有创建、查看、修改和删除目录等操作，常用方法如表 8.1 所示。

表 8.1　os 模块常用方法

方　　法	功能简要说明
os.getcwd()	返回当前工作目录
os.chdir(path)	改变当前工作目录，path 必须是字符串形式的目录
os.listdir(path)	列举指定目录的文件名
os.mkdir(path)	创建 path 指定的文件夹，只能创建一个单层文件，而不能嵌套创建，若文件夹存在，则会抛出异常
os.makedirs(path)	创建多层目录，可以嵌套创建
os.move(file_name)	删除指定文件
os.rmdir(path)	删除单层目录，遇见目录非空时则会抛出异常
os.removedirs(path)	逐层删除多层目录
os.rename(old,new)	文件 old 重命名为 new
os.system(command)	运行系统的命令窗口

1. 取得当前目录 getcwd() 方法

```
import os
path=os.getcwd()
print(path)    #path 中保存的是当前目录（即文件夹）
```

如运行 abc.py，那么输入该命令就会返回 abc.py 所在文件夹的位置。

2. 更改当前目录 chdir() 方法

```
os.chdir('A/B/data')   #将工作路径改成 A/B/data
```

在处理文件时，这个命令可以随意调换文件夹，很方便。最后的文件无论放在什么位置都可以运行。

3. 列出文件夹和文件

使用 listdir() 方法列出当前目录的文件夹/文件，也可以指定路径作为参数，如：

```
L = os.listdir( "c:\\")   #L 是获取某 c 盘目录下的所有文件和文件夹。
```

8.4.2   os.path 模块的用法

os.path 模块是 os 的一个子模块，用于操作和处理文件路径，获取文件的属性。path 指的是目录或包含文件名称的文件路径，常用方法如表 8.2 所示。

表 8.2   os.path 模块常用方法

方法	功能简要说明
os.path.abspath(path)	返回 path 所在当前系统中的绝对路径
os.path.exists()	如果 path 存在则返回 True，否则返回 False
os.path.basename(path)	返回文件名
os.path.dirname(path)	返回文件路径
os.path.split(path)	把路径分割成 dirname 和 basename，返回一个元组
os.path.isabs()	如果 path 是绝对路径则返回 True
os.path.isfile()	如果 path 是一个存在的文件则返回 True，否则返回 False
os.path.isdir()	如果 path 是一个存在的目录则返回 True，否则返回 False
os.path.islink(path)	判断路径是否为链接
os.path.ismount(path)	判断路径是否为挂载点
os.path.join()	将多个路径组合后返回。第一个绝对路径之前的参数将被忽略
os.path.getatime()	返回 path 所指向的文件或目录最后的存取时间
os.path.getmtime()	返回 path 所指向的文件或目录最后的修改时间

1. 判断路径的属性

判断路径的属性包含是否为绝对路径、文件、文件夹、链接和挂载点等。判断一个路径（目录或文件）是否存在用 os.path.exists("你要判断的路径")方法，返回 True 或 False。判断一个路径是否文件用 os.path.isfile("你要判断的路径")方法，返回 True 或 False。判断一个路径是否目录用 os.path.isdir("你要判断的路径")方法，返回 True 或 False。

假设有文件 D:\\abc\\work.py，判断其属性，程序如下：

```
import os
file1 = os.path.isabs("D:\\abc\\work.py")   # True
file2 = os.path.isfile("D:\\abc\\work.py ")   # True
```

```
file3 = os.path.isdir("D:\\abc\\ ")    # True
file4 = os.path.islink("D:\\abc\\work.py")    # False
file5 = os.path.ismount("D:\\ ")    # True
print(file1, file2, file3, file4, file5)
```

2. 获取文件的访问/修改/创建时间

os.path.getatime(path)方法用于获取文件最近访问的时间（浮点型秒数），s.path.getmtime(path)方法用于获取文件最近修改的时间，os.path.getctime(path)用于获取文件路径创建的时间等，如：

```
import os
import time
access_time = os.path.getatime("D:\\abc\\work.py")    # 最近访问的时间
modify_time = os.path.getmtime("D:\\abc\\work.py")    # 最近修改的时间
create_time = os.path.getctime("D:\\abc\\work.py")    # 返回文件的创建时间
print(access_time)
print(modify_time)
print(create_time)
# 利用 time 模块的 ctime 方法转变为正常时间
print(time.ctime(access_time))
print(time.ctime(modify_time))
print(time.ctime(create_time))
```

3. 分解路径名

将一个路径名分解为目录名和文件名两部分，格式为 fpath , fname = os.path.split("你要分解的路径")，如：

```
import os
a, b = os.path.split("D:\\abc\\work.py")    #以最后一个\\为界分割
print(a)    # D:\abc
print(b)    # work.py
```

4. 分解文件名的扩展名

os.path.splitext() 方法用于分解文件路径、文件名和文件扩展名。用法如下：
fpathandname , fext = os.path.splitext("你要分解的路径")，如：

```
import os
a, b = os.path.splitext( "D:\\abc\\work.py" )
print (a)    # D:\abc\work
print (b)    # .py
```

5. 其他属性

其他属性包含文件的绝对路径、文件名、文件目录、文件大小等，还可以把文件名和指

定目录合成一个路径等操作，如：

```
import os
file1 = os.path.abspath("D:\\abc\\work.py")    #D:\abc\work.py
print(file1)
file2 = os.path.basename("D:\\abc\\work.py")    #work.py
print(file2)
file3 = os.path.dirname("D:\\abc\\work.py")    #D:\abc
print(file3)
file4 = os.path.getsize("D:\\abc\\work.py")    # 6516
print(file4)
file5 = os.path.join("D:\\",file2)    # 把指定目录和文件名合成一个新的路径
print(file5)    # D:\work.py
```

例 8.5　编写程序，打印当前目录中包含 homeword 的文件，并打印出绝对路径。

思路：首先获取当前路径，获取当前路径下的文件或者文件夹，再循环文件，判断是否为文件，如果是文件，再判断是否包含字符串，然后打印。

```
import os
sub_str="homework"
cur_dir=os.getcwd()
files=os.listdir(cur_dir)
for item in files:
    print(item)
    if os.path.isfile(os.path.join(cur_dir,item)):
        if item.find(sub_str) != -1:
            print (os.path.join(cur_dir,item))
```

 练习题

一、选择题

1. 下列方法中，用于获取当前目录的是（　　　）。

    A．open   B．write   C．getcwd   D．read

2. 以下选项中，不是 Python 处理 Office 文件的第三方库是（　　　）。

    A．Python-docx   B．VPython   C．openpyxl   D．python-pptx

3. 下列不是 Python 程序处理 Excel 文件的模块是（　　　）。

    A．xlrd   B．xlwt   C．xlrdwt   D．openpyxl

4. 创建并保存一个.xlsx 文件的方法是（　　　）。

    A．Workbook()   B．save()   C．workbook()   D．Save()

5. 在 openpyxl 中读取已有的 Excel 表格的方法是（　　）。

    A. loadworkbook()　　　　　　　　　　B. loadworkbooks()

    C. load-workbook()　　　　　　　　　　D. load_workbook()

6. 一个 Word 文档的页面结构，不包括（　　）。

    A. document　　　　B. paragraph　　　　C. run　　　　　　D. shape

7. 一个 PPT 文件基本的结构不包括（　　）。

    A. presentation　　　B. slide　　　　　　C. shape　　　　　　D. run

8. 在 os 模块中，方法（　　）列出当前目录或指定路径的文件夹/文件。

    A. listdir()　　　　　B. listdirs()　　　　C. list_dir()　　　　D. list_dirs()

9. os.path 模块是 os 的一个子模块，它的功能不包括（　　）。

    A. 获取路径的属性　　　　　　　　　　B. 获取文件的属性

    C. 复制路径　　　　　　　　　　　　　D. 分解路径

10. 在 os 模块中，文件批量处理不包括（　　）。

    A. 批量创建或修改文件名　　　　　　　B. 批量合并文档

    C. 批量生成文档　　　　　　　　　　　D. 批量修改路径

二、填空题

1. 使用 pip 工具在线安装 Excel 文件操作扩展库 openpyxl 的完整命令是_____。

2. 使用 pip 工具在线安装 Word 文件操作扩展库 docx 的完整命令是_____。

3. 使用 pip 工具在线安装 PPT 文件操作扩展库 pptx 的完整命令是_____。

4. 一个 Excel 电子表格文件为_____，每个工作簿可以包含多个_____。

5. 一个单元格对象的行、列和坐标属性分别是_____、_____、_____。

6. 已知一个工作表 ws，表示工作表的行和列对象分别是_____、_____。

7. 使用文档对象的_____方法可以写入标题。

8. 使用文档对象的_____方法可以添加一个段落。

9. 在段落中添加文字块的方法是_____。

10. 判断一个路径（目录或文件）是否存在的方法是_____。

三、实践操作题

1. 已知一个大学的学院列表为：['材料学院','电气信息学院','数理学院','外语学院','计算机学院']，为每个学院创建一个工作表，并增加学院职工个人信息，保存数据。

2. 创建一个 Word 文件，并写入标题和段落，在段落中添加文字，在第二页中添加一个表格和一幅图。

3. 输出当前目录下所有文件和目录。

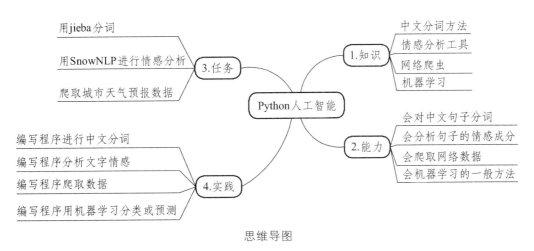

第9章 Python 人工智能

思维导图

人工智能（Artificial Intelligence，AI）是研究、开发用于模拟、延伸和扩展人的智能的理论、方法、技术及应用系统的一门新的技术科学，研究计算机模拟人的某些思维过程和智能行为（如学习、推理、思考、规划等）。

人工智能语言是一类适应人工智能和知识工程领域的具有符号处理和逻辑推理能力的计算机程序设计语言，能够用它编写程序求解非数值计算、知识处理、推理、规划、决策等具有智能的各种复杂问题。Python 是当下人工智能最热门的编程语言之一，常规的人工智能包含机器学习和深度学习两个很重要的模块，机器学习中对数据的爬取、处理和分析建模在 Python 中都能找到对应的库。Python 能够完成人工智能开发的所有环节，是人工智能首选编程语言。

9.1 自然语言处理

自然语言处理是人工智能的应用之一，自然语言处理最基本的功能是词法分析。词法分析的功能主要有：分句分词、词语标注、词法时态（适用于英文词语）、关键词提取（词干提取）。由于英文和中文在文化上存在很大的差异，所以 Python 处理英文和中文需要使用不同的模块，英文处理有 NLTK（Natural Language Toolkit，自然语言处理工具包）等模块，中文处理有流行且开源的分词器结巴（jieba）模块。中文分词是中文文本处理的一个基础步骤，也是中文人机自然语言交互的基础模块，在进行中文自然语言处理时，通常需要先进行分词，本节主要介绍 jieba 分词器和情感分析工具 SnowNLP 库，它们都是扩展库，需要 pip 命令安装。

9.1.1 中文分词

结巴（jieba）分词算法使用基于前缀词典实现高效的词图扫描，生成句子中汉字所有可能生成词构成的有向无环图（DAG），再采用动态规划查找最大概率路径，找出基于词频的最大切分组合。对于未登录词，采用基于汉字成词能力的 HMM 模型（隐含马尔柯夫模型），并使用 Viterbi 算法。jiaba 分词还支持繁体分词和定义分词。jieba 分词支持三种分词模式：

1. 精确模式

此模式将句子尽可能准确地分词，精而不啰唆，适合文本分析。

2. 全模式

把句子中所有可以成词的词语都扫描出来，速度非常快，列出所有分词情况，但是不能解决歧义。

3. 搜索引擎模式

在精确模式的基础上，对长词再次切分，提高召回率，适合用于搜索引擎分词。

下面介绍全分词（cut_all=True）和精准分词（cut_all=False）的使用，主要方法如表 9.1 所示。

表 9.1　分词方法

分词方法	功能简要说明
jieba.cut(s)	精确模式，返回一个可迭代的数据类型
jieba.cut(s,cut_all=True)	全模式，输出文本的所有可能词，存在冗余
ieba.cut_for_search(s)	搜索引擎模式，适合搜索引擎建立索引的分词，存在冗余
jieba.lcut(s)	精确模式，返回一个列表类型
jieba.lcut(s,cut_all=True)	全模式，返回一个列表类型
ieba.lcut_for_search(s)	搜索引擎模式，返回一个列表类型
jieba.add_word(w)	向分词词典中增加新词 w

例 9.1　对句子"中华人民共和国是一个伟大的国家"用不同模式分词，注意区别。

```
import jieba
sen='中华人民共和国是一个伟大的国家'
list1=jieba.lcut(sen)   #精准模式
list2=jieba.lcut(sen,cut_all=True)   #全模式
list3=jieba.lcut_for_search(sen)   #搜索引擎模式

print(list1)
print(list2)
print(list3)
```

程序运行结果如图 9.1 所示。

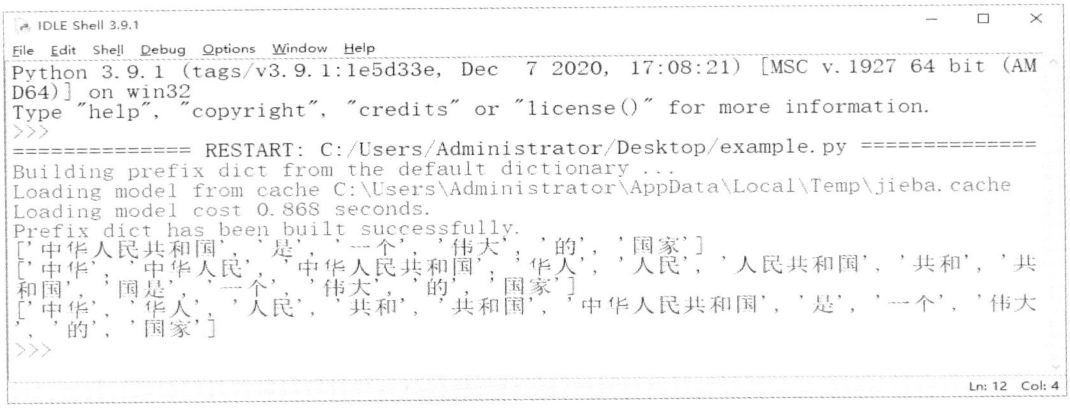

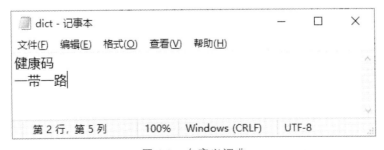

图 9.1　中文分词

注意：

（1）jieba.cut 以及 jieba.cut_for_search 返回的结果都是 generator（生成器），可以使用 for 循环获取分词后得到每一个词语，或者使用 list 转化为列表，如：

list1=jieba.cut(sen)　#精准模式

print(list(list1))

（2）jieb.lcut 以及 jieba.lcut_for_search 直接返回 list。

（3）jieba.Tokenizer(dictionary=DEFUALT_DICT) 新建自定义分词器，可用于同时使用不同字典，jieba.dt 为默认分词器，所有全局分词相关函数都是该分词器的映射。

jieba 分词器可以增加新词，如 jieba.add_word("一带一路")，还可以指定自定义词典，以便包含词库中没有的词。虽然 jieba 分词有新词识别能力，但是自行添加新词可以保证更高的正确率。

使用命令：

jieba.load_userdict(filename)　# filename 为自定义词典的路径

在使用该命令的时候，词典的格式和 jieba 分词器本身的词典格式必须保持一致，一个词占一行，每一行分成三部分，一部分为词语，一部分为词频（可以省略），最后为词性（可以省略），用空格隔开。其中 userdict.txt 中的内容为添加的词典，而第二部分为没有添加字典之后对 text 文档进行分词得到的结果，第三部分为添加字典之后分词的效果。

例 9.2　增加自定义词典 dict.txt，包含新词"健康码""一带一路"，对语句"共建数字一带一路将促进跨境健康码认证支持的绿色出行。"分词，比较使用自定义词典后分词的变化。

自定义词如图 9.2 所示，文件位于 d:\\dict.txt 中。

图 9.2　自定义词典

程序如下：

```
import jieba
text = "共建数字一带一路将促进跨境健康码认证支持的绿色出行。"
data1 = jieba.lcut(text, cut_all=False)    #精确模式
print("原始文本: ", text)
print("未使用自定义词典: ",data1)
jieba.load_userdict("d:\\dict.txt")    #导入自定义词典
data2 = jieba.lcut(text, cut_all=False)    #精确模式
print("使用自定义词典: ", data2)
```

程序运行结果如图 9.3 所示，已识别出新增加的词。

```
IDLE Shell 3.9.1                                                    —   □   ×
File  Edit  Shell  Debug  Options  Window  Help
Python 3.9.1 (tags/v3.9.1:1e5d33e, Dec  7 2020, 17:08:21) [MSC v.1927 64 bit (AMD64)
] on win32
Type "help", "copyright", "credits" or "license()" for more information.
>>>
============== RESTART: C:/Users/Administrator/Desktop/教材程序/9.2.py ==============
Building prefix dict from the default dictionary ...
Loading model from cache C:\Users\ADMINI~1\AppData\Local\Temp\jieba.cache
Loading model cost 0.897 seconds.
Prefix dict has been built successfully.
原始文本:  共建数字一带一路将促进跨境健康码认证支持的绿色出行。
未使用自定义词典: ['共建', '数字', '一带', '一路', '将', '促进', '跨境', '健康', '
码', '认证', '支持', '的', '绿色', '出行', '。']
使用自定义词典: ['共建', '数字', '一带一路', '将', '促进', '跨境', '健康码', '认证'
, '支持', '的', '绿色', '出行', '。']
>>>
                                                                    Ln: 12  Col: 4
```

图 9.3　识别新词

9.1.2　情感分析

文本情感分析是指用自然语言处理文本挖掘，用计算机语言学等方法识别和提取原文的主观信息（如观点、情感、态度、评价和情绪等），其主要任务就是对文本中的主观信息进行提取、分析、处理、归纳和推理。主要工具是 SnowNLP 模块，它是扩展库，需要安装（pip install snownlp）。SnowNLP 是一个用 Python 写的类库，主要用于处理中文文本，可实现分词、词性标注、情感分析、汉字转拼音、繁体转简体、关键词提取以及文本摘要等。如：

```
from snownlp import SnowNLP    #导入，注意大小写字母
sentence1 = '我热爱中华人民共和国！'
s1 = SnowNLP(sentence1)
print(s1.sentiments)
sentence2 = '他骗人，我很愤怒'
s2 = SnowNLP(sentence2)
print(s2.sentiments)
```

显示结果如图 9.4 所示。

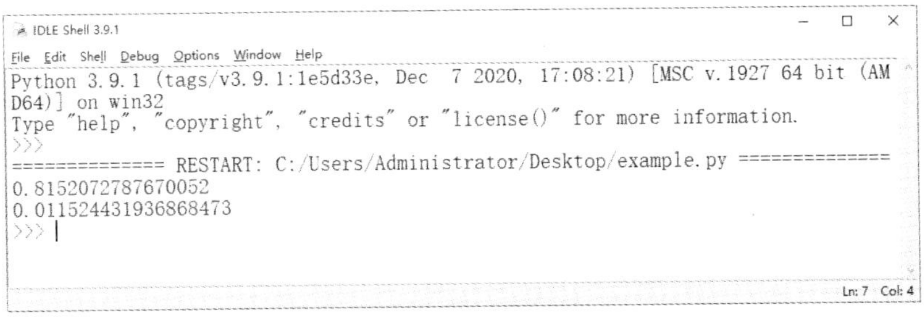

图 9.4 情感分析值

SnowNLP 的结果取值范围在 0 到 1 之间，越接近 1 表示正面情绪；越接近 0 表示负面情绪。我们可以看到，句子 1 得到了 0.815 的评价，是非常积极的；句子 2 得到了 0.011 的评价，是非常消极的。

例 9.3　对句子分词、标注拼音、分析情感度、繁体转简体。

```
from snownlp import SnowNLP
# keywords(limit)：关键词，summary：关键句子，sentences：语序
# tf：tf 值，idf：idf 值
s = SnowNLP(u'社会主义核心价值观真心很赞，值得每个人践行！')
print(s.words)  # words：分词
print(list(s.tags))  #tags：关键词
print(s.sentiments) #sentiments：情感度
print(s.pinyin)  #pinyin：拼音
print(s.keywords)
print(s.summary)
print(s.sentences)
s = SnowNLP(u'臺灣是祖國的寶島')
print(s.han)
```

程序运行结果如图 9.5 所示。

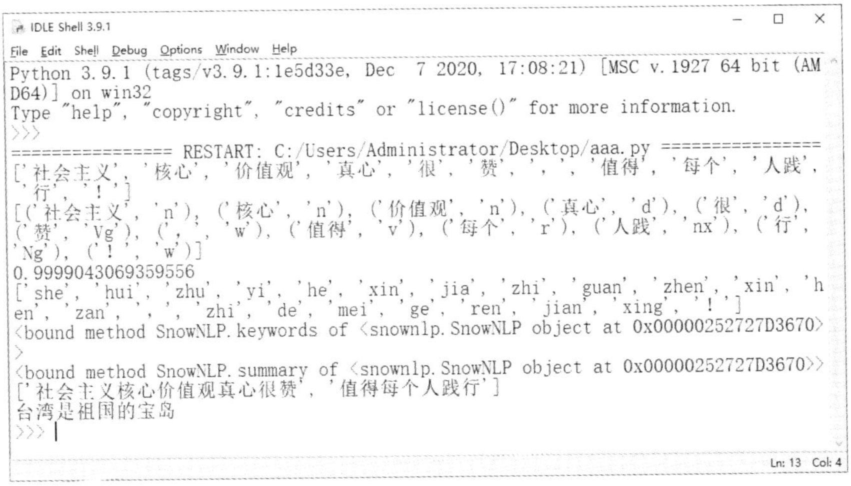

图 9.5　程序运行结果

9.2　网络爬虫

进行数据分析、数据建模，需要有数据，这些数据来源有多种途径，但是很多来自网络，需要爬取数据。网络爬虫，也叫网络蜘蛛（Web Spider）或网络机器人，它根据网页地址（URL）爬取网页内容，是一种按照一定的规则自动抓取万维网信息的程序或者脚本。例如爬取中国天气网中（www.weather.com.cn）城市武汉近 7 天的天气信息，如图 9.6 所示。

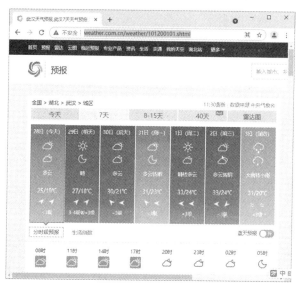

图 9.6　城市天气信息

提取网页中的数据需要第三方库，常见的 Python 爬虫库包括 urllib、Requests、beautifulSoup 等，其中 urllib 是标准库，已内置不需要安装。Requests 和 beautifulSoup 库都需要通过 pip 命令安装。爬虫的功能主要是抓取数据、解析数据、数据入库等操作，其基本流程如下：

1. 发起请求

通过 HTTP 库向目标站点发起请求，也就是发送一个 Request，请求可以包含额外的 header 等信息，等待服务器响应 Response。

2. 获取响应内容

如果服务器能正常响应，会得到一个 Response。Response 的内容便是所要获取的页面内容，类型可能是 HTML、Json 字符串、二进制数据（图片或者视频）等。

3. 解析内容

得到的内容如果是 HTML 格式数据，可以用正则表达式，通过页面解析库进行解析；如果是 Json 格式数据，可以直接转换为 Json 对象解析；如果是二进制数据，可以保存或者进行进一步处理。

4. 保存数据

保存形式多样，可以为文本，也可以保存到数据库或者保存特定格式的文件。

9.2.1 HTML 简介

超文本标记语言（HyperText Markup Language，HTML）是一种创建网页的标准标记语言。HTML 是一种基础技术，常与 CSS、JavaScript 一起被众多网站用于设计网页、网页应用程序以及移动应用程序的用户界面。网页浏览器可以读取 HTML 文件，并将其渲染成可视化网页。HTML 描述了一个网站的语义结构，是一种标记语言，而非编程语言。

HTML 页面里嵌入了文本、图像等数据，可以被浏览器读取，并显示出来。因为数据藏在 HTML 里，所以爬取数据先爬取 HTML，再解析数据。学习 HTML 并不难，它并不是编程语言，只需要熟悉它的标记规则。HTML 标记包含标签（及其属性）、基于字符的数据类型、字符引用和实体引用等几个关键部分。HTML 标签是最常见的，通常成对出现，比如<h1>与</h1>。这些成对出现的标签中，第一个标签是开始标签，第二个标签是结束标签。两个标签之间为元素的内容（文本、图像等），有些标签没有内容，为空元素，如<img>等。以下是一个经典的 Hello World 程序的例子：

```
<!DOCTYPE html>
<html>
  <head>
    <title>This is a title</title>
  </head>
  <body>
    <p>Hello world!</p>
  </body>
</html>
```

HTML 文档由嵌套的 HTML 标签表示，包含于尖括号中，如<p>。在一般情况下，一个元素由一对标签表示。如开始标签<p>与结束标签</p>。元素如果含有文本内容，就被放置在这些标签之间。

9.2.2 获取数据

1. urllib 库方法获取数据

urllib 是 Python 内置的标准库，使用它可以像访问本地文本文件一样读取网页的内容。Python 的 urllib 库包括以下四个子模块：

urllib.request：http 请求模块，模拟发送请求。传入 URL 以及额外的参数就可以像浏览器那样访问网站。

urllib.error：异常处理模块，请求有错误时，可以捕获这些异常，再进行重试以保证程序不意外终止。

urllib.parse：解析模块，提供 URL 处理方法，比如拆分、解析、合并等。

urllib.robotparser：识别网站的 robots.txt 文件，然后判断哪些网站可以爬取数据。

请求抓取网页内容的方法为 request.urlopen()，该方法返回一个 HTTPResponse 类型的对象，该对象有如下方法和属性：

方法：read()、readinto()、getheader(name)、getheaders()。

属性：msg、version、status、reason、bebuglevel、closed。

如请求 Python 网站的内容，获得返回对象的方法和属性，程序如下：

```
from urllib import request
url = 'https://www.python.org'
response=request.urlopen(url)    #请求站点获得一个 HTTP Response 对象
print(response.read().decode('utf-8'))    #返回网页内容
print(response.status)    #返回状态码 200，404 代表网页未找到
print(response.geturl())    #返回检索的 URL
print(response.getcode())    #返回响应的 HTTP 状态码
```

该对象的 read()方法可返回网页内容，status 属性可返回请求状态码，如 200 代表请求成功，404 代表网页未找到。decode('utf-8')方法，用于将网页内容转为 utf-8 格式。

2. Requests 库方法获取数据

Requests 是基于 urllib 编写的 HTTP 客户端库，与 urllib 相比，Requests 库语法更加简单，使用更方便。使用之前需要安装 pip3 install requests。

Request 基本请求方式分为 6 种，分别是：

```
import requests
requests.get(url)    #GET 请求
requests.post(url)    #POST 请求
requests.put(url)    #PUT 请求
requests.delete(url)    #DELETE 请求
requests.head(url)    #HEAD 请求
requests.options(url)    #OPTIONS 请求
```

GET 请求方法表示正在尝试从指定 url 获取或检索数据。发送 GET 请求调用 requests.get(url)，该请求的响应是 Response 的实例并将其存储在名为 response 的变量中，Response 获取的第一部分信息是状态码。状态码会展示用户请求的状态。如 200 状态表示用户请求成功，而 404 状态表示找不到用户要查找的资源。还有许多其他的状态码可以提供关于请求所发生的具体情况，通过访问 response.status_code 可以看到服务器返回的状态码，如：

```
import requests
url = 'https://www.python.org'
response = requests.get(url)
print(response)    #<Response [200]>
print(response.status_code)    #200
```

POST 请求方法是 requests.post(url,data={请求体的字典})，如：

```
import requests
url = 'https://fanyi.baidu.com'
data = {'from': 'zh',   'to': 'en', 'query': '社会主义核心价值观' }

response = requests.post(url, data=data)
```

```
print(response)    #<Response [200]>
```
可以看出，不管是 get 还是 post 请求，返回的都是一个 Response[200]对象，但是查看与网页一样的字符串对象，就需要用到 response 方法。

response.text 方法用于获取网页的 HTML 字符串，该方式往往会出现乱码，出现乱码使用 response.encoding='utf-8'，如：

```
import requests
url = 'https://www.baidu.com'
response = requests.get(url)
response.encoding = 'utf-8'
print(response.text)
```

requests 库方法发送请求后返回一个 Response 对象，显示响应状态码，其属性如表 9.2 所示，通过 text 属性可以返回 unicode 型的数据，一般是在网页的 header 中定义编码形式，而 content 属性返回的是 bytes，即二进制数据。如果提取文本就用 text 属性，但是如果提取图片、文件等二进制数据，则要用到 content 属性，当然 decode 之后，中文字符也会正常显示。

表 9.2 Response 对象属性

属　性	含义简单说明
requests.status_code	http 请求的返回状态，200 表示连接成功，404 表示连接失败
requests.text	http 响应内容的字符串形式，url 对应页面内容
requests.encoding	从 http header 中猜测的响应内容编码方式
requests.apparent_encoding	从内容分析出的响应内容的编码方式（备选编码方式）
requests.content	http 响应内容的二进制形式
requests.headers	http 响应内容的头部内容

除了 GET、POST 之外，其他 HTTP 方法如 PUT、DELETE、HEAD、PATCH 和 OPTIONS。requests 为每个 HTTP 方法提供了统一的形式，与 get()方法的结构类似，形式如下：

```
requests.post( https://httpbin.org/post , data={ key : value })
requests.put( https://httpbin.org/put , data={ key : value })
requests.delete( https://httpbin.org/delete )
requests.head( https://httpbin.org/get )
requests.patch( https://httpbin.org/patch , data={ key : value })
requests.options( https://httpbin.org/get )
```

例 9.4 在中国天气网中找出武汉近 7 天天气数据的 HTML 页面，并找出今天的天气数据。

打开中国天气网，选择城市，选择近 7 天的天气，如图 9.6 所示，在页面单击鼠标右键，查看网页源代码，显示 HTML 页面，找到今天的天气数据，如图 9.7 所示。

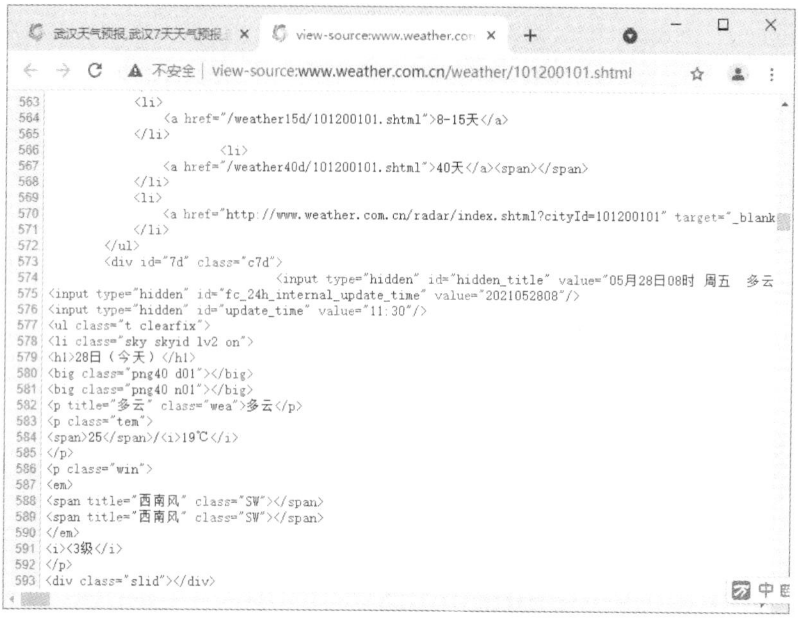

图 9.7　天气预报 HTML 页面

从图 9.7 中可以看到所需要的字段的标签位置，所需要的字段全部在 id="7d"中的 div 中的 ul 中，日期在标签 li 中的 h1 标签中，天气情况在第一个 p 标签中。最高温度在第二个 p 标签的 span 标签中，最低温度在第二个 p 标签的 i 标签中。风级在第三个 p 标签中的 i 标签中，画出标签树，如图 9.8 所示。

图 9.8　标签树

下面分三个模块来提取数据，整个程序结构如下：

```
def getHTMLText(url):      #获取网页信息。
    return
def getData(html):      #从网页中爬取数据，并保存在一个列表中。
    return
def printData(final_list,num):      #在列表中打印输出结果。
def main():            #主函数，将各个功能连接起来。
    url = 'http://www.weather.com.cn/weather/101200101.shtml'
    html = getHTMLText(url)
    final_list = getData(html)
```

```
        printData(final_list,7)
main()
```

9.2.3 解析数据

对用户而言，解析数据就是寻找自己需要的信息。对于 Python 爬虫而言，就是利用正则表达式或者其他库提取目标信息。解析 HTML 数据用到正则表达式（RE 模块）或第三方解析库，如 Beautifulsoup、pyquery 等；解析 json 数据则用 json 模块。

BeautifulSoup4（BS4）是 Python 的一个库，其最主要的功能是从网页解析数据。安装命令是 pip install beautifulsoup4，导入命令为 import bs4，使用时需创建 BeautifulSoup 对象，如：

```
from bs4 import BeautifulSoup
soup = BeautifulSoup()
```

Beautiful Soup 将 HTML 文档转换成一个树形结构，每个节点都是 Python 对象，所有对象可以分为四种：Tag、NavigableString、BeautifulSoup 和 Comment。Tag 就是 HTML 中的标签，NavigableString 用于获取标签内部的文字，BeautifulSoup 表示一个文档的全部内容，Comment 对象是一个特殊类型的 NavigableString 对象，其输出的内容不包括注释符号，如：

```
from bs4 import BeautifulSoup
soup = BeautifulSoup('<html>data</html>','html.parser')
tag = soup.html
print(type(tag))   #<class 'bs4.element.Tag'>
print(tag)   #<html>data</html>
```

Beautiful Soup 在解析的时候依赖于解析器，除了支持 Python 标准库中的 HTML 解析器，还支持一些第三方的解析器，如表 9.3 所示。

表 9.3　解析器

解析器	示　例	特　点
html.parser	BeautifulSoup(markup,"html.parser")	Python 自带，速度适中，兼容较好
lxml HTML parser	BeautifulSoup(markup,"lxml")	速度非常快，兼容性好
lxml XML parser	BeautifulSoup(markup, "lxml-xml") BeautifulSoup(markup,"xml")	速度非常快，仅支持 XML
html5lib	BeautifulSoup(markup, "html5lib")	速度慢，不依赖外部扩展

直接调用节点的名称就可以选择节点元素，节点可以嵌套选择，返回的类型都是 bs4.element.Tag 对象。假如有一个 html 文档，有 head 和 a 标签，p 节点下有 b 节点，获取节点信息如下：

```
soup=BeautifulSoup(html,'lxml')
print(soup.head)   #获取 head 标签
print(soup.p.b)   #获取 p 节点下的 b 节点
print(soup.a.string)   #获取 a 标签下的文本，只获取第一个
```

此外，还可以获取节点的名称、属性，以及节点包含的文本等信息，详见下面的注释。

```
soup.body.name #获取节点名称
soup.p.attrs       #获取 p 节点所有属性
soup.p.attrs['class']   #获取 p 节点 class 属性
soup.p['class']   #直接获取 p 节点 class 属性
soup.p.string    #获取第一个 p 节点下的文本内容
soup.body.contents   #获取直接子节点，返回列表
soup.body.children   #获取节点的直接子节点，返回生成器
soup.body.descendants   #获取子孙节点，返回生成器
soup.b.parent   #获取父节点
soup.b.parents   #获取祖先节点，返回生成器
soup.a.next_sibling   #获取后面的所有兄弟节点，返回生成器
soup.a.previous_sibling   #获取前面的所有兄弟节点，返回生成器
soup.a.next_element   #获取下一个被解析的对象
soup.a.previous_element   #获取上一个被解析的对象
```

上面通过节点属性进行选择，这种方法非常快，但有时不够灵活，Beautiful Soup 提供了一些查询方法，如 find_all()和 find()等，其形式如下：

find_all(name,attrs,recursive,text)   #查询所有符合条件的元素

find(name , attrs , recursive , text)   #返回单个元素、第一个匹配的元素、tag 类型

参数含义具体如下：

name：查找所有名字为 name 的标签(tag)；

attrs：传入的属性，可以通过 attrs 参数以字典的形式指定，如属性 id,attrs={'id':'123'}；

text：匹配节点的文本；

recursive：如果只搜索直接子节点，可以将参数设为 False。

例 9.5　根据我们之前分析的网页结构标签树，用 Beautiful Soup 方法解析网页结构，用 find()找到对应的标签。然后在标签中遍历元素，将其中的文本内容添加到 temp_list 中，再将 temp_list 添加到 final_list 中，最后返回 final_list，程序如下：

```
def get_data(html):
    final_list = []
    soup = BeautifulSoup(html,'html.parser')        #BeautifulSoup 库解析网页

    body   = soup.body
    data = body.find('div',{'id':'7d'})
    ul = data.find('ul')
    lis = ul.find_all('li')
    for day in lis:
        temp_list = []
        date = day.find('h1').string    #找到日期
        temp_list.append(date)
        info = day.find_all('p')        #找到所有的 p 标签
        temp_list.append(info[0].string)
```

178

```python
        if info[1].find('span') is None:    #找到 p 标签中的第二个值"span"标签，最高温度
            temperature_highest = ''     #用一个判断是否有最高温度
        else:
            temperature_highest = info[1].find('span').string
            temperature_highest = temperature_highest.replace('℃',' ')
        if info[1].find('i') is None:    #找到 p 标签中的第二个值"i"标签，最低温度
            temperature_lowest = ''         #用一个判断是否有最低温度
        else:
            temperature_lowest = info[1].find('i').string
            temperature_lowest = temperature_lowest.replace('℃',' ')
        temp_list.append(temperature_highest)    #将最高气温添加到 temp_list 中
        temp_list.append(temperature_lowest)    #将最低气温添加到 temp_list 中
        wind_scale = info[2].find('i').string    #找到 p 标签的第三个值"i"标签风级，添
                                                 加到 temp_list 中

        temp_list.append(wind_scale)
        final_list.append(temp_list)    #将 temp_list 列表添加到 final_list 列表中
    return final_list
```

9.2.4　输出数据

解析得到的数据可以有多种形式，如文本、音频、视频、数据库（MySQL、Mongdb、Redis）或文件等。

上例中所有数据已经保存在 final_list 中，将数据打印输出。程序如下：

```python
def print_data(final_list,num):
    print("{:^10}\t{:^8}\t{:^8}\t{:^8}\t{:^8}".format('日期','天气','最高温度','最低温度','风级'))

    for i in range(num):
        final = final_list[i]
        print("{:^10}\t{:^8}\t{:^8}\t{:^8}\t{:^8}".format(final[0],final[1],final[2],final[3],final[4]))
```

例 9.6　完整地将中国天气网中武汉近 7 天的天气数据爬取出来，程序如下：

```python
import requests
from bs4 import BeautifulSoup
def getHTMLText(url,timeout = 30):
    r = requests.get(url, timeout = 30)    #用 requests 抓取网页信息
    r.raise_for_status()
    r.encoding = r.apparent_encoding
    return r.text
def getData(html):
    final_list = []
```

```python
        soup = BeautifulSoup(html,'html.parser')    #用 BeautifulSoup 库解析网页
        body   = soup.body
        data = body.find('div',{'id':'7d'})
        ul = data.find('ul')
        lis = ul.find_all('li')
        for day in lis:
            temp_list = []
            date = day.find('h1').string        #找到日期
            temp_list.append(date)
            info = day.find_all('p')        #找到所有的 p 标签
            temp_list.append(info[0].string)
            if info[1].find('span') is None:    #找到 p 标签中的第二个值"span"标签
                                                ——最高温度
                temperature_highest = ' '    #用一个判断是否有最高温度
            else:
                temperature_highest = info[1].find('span').string
                temperature_highest = temperature_highest.replace('℃',' ')
            if info[1].find('i') is None:     #找到 p 标签中的第二个值"i"标签——最低温度
                temperature_lowest = ' '      #用一个判断是否有最低温度
            else:
                temperature_lowest = info[1].find('i').string
                temperature_lowest = temperature_lowest.replace('℃',' ')

            temp_list.append(temperature_highest)    #将最高气温添加到 temp_list 中
            temp_list.append(temperature_lowest)      #将最低气温添加到 temp_list 中
            wind_scale = info[2].find('i').string    #找到 p 标签的第三个值"i"标签——风级,
                                                     #添加到 temp_list 中
            temp_list.append(wind_scale)
            final_list.append(temp_list)    #将 temp_list 列表添加到 final_list 列表中
    return final_list
def printData(final_list,num):    #用 format()将结果打印输出
    print("{:^10}\t{:^8}\t{:^8}\t{:^8}\t{:^8}".format('日期','天气','最高温度','最低温度','风级'))
    for i in range(num):
        final = final_list[i]
        print("{:^10}\t{:^8}\t{:^8}\t{:^8}\t{:^8}".format(final[0],final[1],final[2],final[3],final[4]))
    def main():    #用 main()主函数将模块连接起来
        url = 'http://www.weather.com.cn/weather/101200101.shtml'
```

```
        html = getHTMLText(url)
        final_list = getData(html)
        printData(final_list,7)
main()
```

显示结果如图 9.9 所示。

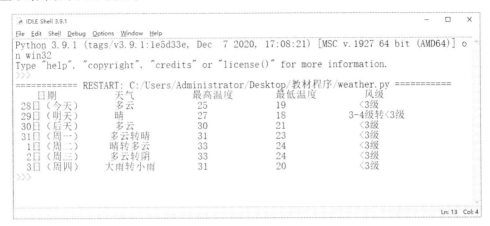

图 9.9　天气网数据

9.3　机器学习

机器学习是研究怎样使用计算机模拟或实现人类学习活动的科学，是一门多学科交叉的人工智能科学，涵盖概率论、统计学、近似理论和复杂算法知识。机器学习一般流程就是：获取数据→数据处理→训练模型→评估模型→预测或分类。其处理过程如下：

1. 获取数据

获取原始数据可以有很多种形式，如爬取的网络数据，也可以是图片、json、文本或 table 等数据，这些数据通过 Pandas 加载成一个二维数组的数据，也可以通过 NumPy 生成数据。

2. 数据处理

得到原始数据后，需要对数据进行处理，包括数据分割（训练集、测试集）、构造特征（如时间由年份、月份、天构造新的特征）、删除特征（如没有用的，但是存在影响机器学习的特征等）。在处理数据后，不能盲目地使用该数据（如文本数据、数值差异过大的数据），这个时候就要转换数据，如提取字典特征、文本特征、tf_idf（数据出现频次）、进行归一化、标准化、降维等，然后得出提取特征后的矩阵数据。

3. 算法模型

算法模型是机器学习的核心，主要分为监督学习和无监督学习。监督学习有特征值和目标值，常用算法为分类算法（离散型）、回归算法（连续型）。无监督学习只有特征值。常用算法为聚类。算法模型是数据在训练集和测试集上反复训练后得出最接近满足所有数据点的公式，这也是后续其他业务数据用于分类或预测的基础。

4. 模型评估与预测

其中分类模型一般是通过准确率、精准率、召回率、混淆矩阵、AUC（曲线下的面积大小）来确认模型的准确度，回归模型一般是通过均方误差的方式来确认准确度。

Python 中实现机器学习的库主要是 scikit-learn（sklearn），它是 SciPy 的扩展，建立在 NumPy 和 Matplolib 库的基础上，支持包括分类、回归、降维和聚类机器学习算法，还包括特征提取、数据处理和模型评估等模块。

9.3.1 获取数据

Sklearn 库的数据集有很多种，大量优质的数据集可以实现不同的模型。使用 Sklearn 中的数据集，必须导入 Datasets 模块，形式如下：

```
from sklearn import datasets
```

数据集可分为自带数据集和生成数据集，下面介绍三个常用的自带数据集。

1. 鸢(yuān)尾花数据集 datasets.load_iris()

一般用于分类测试，有 150 个数据集，共分为 3 类，每类 50 个样本。每个样本有 4 个特征[Sepal.Length（花萼长度）、Sepal.Width（花萼宽度）、Petal.Length（花瓣长度）、Petal.Width（花瓣宽度）]，特征值为正浮点数，单位为厘米。

可以通过这 4 个特征预测鸢尾花属于 iris-setosa（山鸢尾）、iris-versicolour（杂色鸢尾）、iris-virginica（弗吉尼亚鸢尾）其中的一种，下面先导入数据，显示数据特征。

```
from sklearn.datasets import load_iris
x, y = load_iris(return_X_y=True)    #参数控制输出数据结构，若为 True，则将因变量和自变量独立导出，注意大写 X。

print(x.shape, y.shape, type(x))

data = load_iris(return_X_y=False)

print(type(data))
```

显示结果如下，显然，return_X_y 设置为 True 就更方便查看数据特征。

```
(150, 4) (150,) <class 'numpy.ndarray'>
<class 'sklearn.utils.Bunch'>
```

2. 手写数字数据集 datasets.load_digits()

用于分类或者降维，有 1 797 张样本图片，每个样本有 64 维特征（8×8 像素的图像）和一个[0, 9]整数的标签，加载手写数字数据集如下：

```
from sklearn.datasets import load_digits

digits = load_digits()

print(digits.data.shape)

print(digits.target.shape)

print(digits.images.shape)
```

显示结果为：

```
(1797, 64)

(1797,)
```

(1797, 8, 8)

3. 波士顿房价数据集 datasets.load-boston()

用于回归的经典数据集，每个类的观察值数量是均等的，共有 506 个观察值，13 个输入变量和 1 个输出变量。每条数据包含房屋及周围的详细信息。其中包含城镇犯罪率、一氧化氮浓度、住宅平均房间数、到中心区域的加权距离以及自住房平均房价等。

例 9.7 利用 Sklearn 中包含的数据集导入波士顿房价数据并显示。

```
import pandas as pd
from sklearn import datasets
boston = datasets.load_boston()
data=pd.DataFrame(boston.data,columns=boston.feature_names)
print(data)
```

程序运行结果如图 9.10 所示。

```
IDLE Shell 3.9.1
File Edit Shell Debug Options Window Help
Python 3.9.1 (tags/v3.9.1:1e5d33e, Dec  7 2020, 17:08:21) [MSC v.1927 64 bit (AMD64)]
on win32
Type "help", "copyright", "credits" or "license()" for more information.
>>>
============ RESTART: C:/Users/Administrator/Desktop/教材程序/boston.py ============
        CRIM    ZN  INDUS  CHAS    NOX  ...  RAD    TAX  PTRATIO       B  LSTAT
0    0.00632  18.0   2.31   0.0  0.538  ...  1.0  296.0     15.3  396.90   4.98
1    0.02731   0.0   7.07   0.0  0.469  ...  2.0  242.0     17.8  396.90   9.14
2    0.02729   0.0   7.07   0.0  0.469  ...  2.0  242.0     17.8  392.83   4.03
3    0.03237   0.0   2.18   0.0  0.458  ...  3.0  222.0     18.7  394.63   2.94
4    0.06905   0.0   2.18   0.0  0.458  ...  3.0  222.0     18.7  396.90   5.33
..       ...   ...    ...   ...    ...  ...  ...    ...      ...     ...    ...
501  0.06263   0.0  11.93   0.0  0.573  ...  1.0  273.0     21.0  391.99   9.67
502  0.04527   0.0  11.93   0.0  0.573  ...  1.0  273.0     21.0  396.90   9.08
503  0.06076   0.0  11.93   0.0  0.573  ...  1.0  273.0     21.0  396.90   5.64
504  0.10959   0.0  11.93   0.0  0.573  ...  1.0  273.0     21.0  393.45   6.48
505  0.04741   0.0  11.93   0.0  0.573  ...  1.0  273.0     21.0  396.90   7.88

[506 rows x 13 columns]
>>>
Ln: 19 Col: 4
```

图 9.10 波士顿房价数据

从图 9.10 中可以看到有 13 列数据，前 12 列是 x（影响因素），最后一列是 y（房价）。

9.3.2 数据预处理

数据预处理阶段是机器学习中不可缺少的一环，可使模型或评估器更加有效地识别数据。常用的处理子模块为 preprocessing，包含的函数有 scale()、maxabs_scale()、minmax_scale()、robust_scale()、normaizer()等，导入预处理子模块的方法为：

```
from sklearn import preprocessing
```

1. 数据标准化与转换

数据归一化（标准化）是数据挖掘的一项基础工作，不同的评价指标往往具有不同的量纲和量纲单位，这种情况会影响到数据分析的结果。为了消除指标之间的量纲影响，需要进行数据标准化处理，以解决数据指标之间的可比性。原始数据经过数据标准化处理后，各指标处于同一数量级，适合进行综合对比评价。

（1）min-max 标准化（Min-Max Normalization）

它也称为离差标准化，是对原始数据的线性变换，使结果值映射到[0，1]之间。转换函数如下：

$$x* = \frac{x - min}{min - min}$$

其中，max 为样本数据的最大值；min 为样本数据的最小值。这种方法的缺点就是当有新数据加入时，可能导致 max 和 min 的变化，需要重新定义。下面对列表数据 x=[0, 15, 55, 85, 100]进行 min-max 标准化处理，程序如下：

```
import numpy as np
x=[0, 15, 55, 85, 100]
arr = np.asarray(x)
y=[]
for x in arr:
    x = float(x - np.min(arr))/(np.max(arr)- np.min(arr))
    y.append(x)
print(y)   #输出为 [0.0, 0.15, 0.55, 0.85, 1.0]
```

在 Sklearn 库中，min-max 标准化方法是 minmax_scale(feature_range=( ))，参数 feature_range 表示归一化范围，注用( )表示，如 feature_range=(0,1)。

（2）Z-score 标准化方法

它也称为零均值规范化，根据原始数据的均值（mean）和标准差（standard deviation）进行标准化。经过处理后数据符合标准正态分布，即均值为 0，标准差为 1，转化函数为

$$x* = \frac{x - \mu}{\sigma}$$

其中，μ为所有样本数据的均值；σ为所有样本数据的标准差，如：

```
import numpy as np
x=[0, 15, 55, 85, 100]
arr = np.asarray(x)
y=[]
for x in arr:
    x = float(x - arr.mean())/arr.std()
    y.append(x)
print(y)
```

输出结果为：

[-1.3194558937007659,-0.9313806308475995,0.10348673676084438,0.8796372624671772,
    1.2677125253203436]

在 Sklearn 库中，Z-score 标准化方法是 StandardScaler()。

（3）数据转换

方法 fit()用于计算训练数据的均值和方差，后面就会用均值和方差来转换训练数据。

fit_transform()不仅计算训练数据的均值和方差，还会基于计算出来的均值和方差来转换训练数据，从而把数据转化成标准的正态分布。transform()方法只是进行转换，把训练数据转换成标准的正态分布（一般会把 train 和 test 集放在一起做标准化，或者在 train 集上做标准化后，用同样的标准化器去标准化 test 集，此时可以使用 scaler）。一般来说先使用 fit()方法：scaler = preocessing.StandardScaler().fit(X)，这一步计算得到 scaler，scaler 里面存的有计算出来的均值和方差；再使用 scaler.transform(X)，这一步再用 scaler 中的均值和方差来转换 X，使 X 标准化；最后，在预测的时候，也要对数据做同样的标准化处理，即也要用上面的 scaler 中的均值和方差来对预测时的特征进行标准化。

注意：测试数据和预测数据的标准化的方式要与训练数据标准化的方式一样，必须使用同一个 scaler 来进行 transform。

例 9.8   利用 Sklearn 库对 data =[[1, 2], [3, 4], [5, 6], [7, 8]]进行归一化。

```
from sklearn import preprocessing
data = [[1, 2], [3, 4], [5, 6], [7, 8]]
# 基于 mean 和 std 的标准化
scaler1 = preprocessing.StandardScaler()
scaler1.fit(data)
print(scaler1.transform(data))
# 将每个特征值归一化到一个固定范围
scaler2 = preprocessing.MinMaxScaler(feature_range=(0, 1))
scaler2.fit(data)
print(scaler2.transform(data))
#feature_range: 定义归一化范围，注用（）括起来
```

2. 数据正则化（normalize）

当想要计算两个样本的相似度时，必不可少的一个操作就是正则化。其基本思想是先求出样本的 p-范数，然后该样本的所有元素都要除以该范数，这样最终使得每个样本的范数都为 1。在 Sklearn 库中，正则化方法是 normalize ()，如：

```
from sklearn import preprocessing
X = [[ 1., -1.,   2.],
     [ 2.,  0.,   0.],
     [ 0.,  1., -1.]]
X_normalized = preprocessing.normalize(X, norm='12')
print(X_normalized)
结果为：
[[ 0.40824829 -0.40824829   0.81649658]
 [ 1.          0.           0.        ]
 [ 0.          0.70710678 -0.70710678]]
```

3. one-hot 编码（One Hot Encoder）

one-hot 编码又叫独热编码，为一位有效编码。其基本思想是将离散型特征的每一种取值

都看成一种状态，若这一特征中有 N 个不相同的取值，那么就可以将该特征抽象成 N 种不同的状态。one-hot 编码保证了每一个取值只会使一种状态处于"激活态"，也就是说这 N 种状态中只有一个状态位是 1，其他状态位都是 0。在 Sklearn 库中，one-hot 编码方法为 OneHotEncoder()。

例 9.9　假设有性别特征["男","女"]，运动特征["足球", "篮球", "羽毛球", "乒乓球"]，国家特征["中国", "美国, "法国"]，试对样本["男","中国","羽毛球"]进行 one-hot 编码。

性别特征编码为男→10，女→01；运动特征编码为足球→1000，篮球→0100，羽毛球→0010，乒乓球→0001；国家特征编码为中国→100，美国→010，法国→001。对于样本["男","中国","羽毛球"]，完整的特征数字化的结果为：

[1, 0, 1, 0, 0, 0, 0, 1, 0]，对应关系为：男（01），中国（100），羽毛球（0010）合起来的编码。

例 9.10　已知特征数据样本 data= [[0, 0, 3], [1, 1, 0], [0, 2, 1], [1, 0, 2]]，利用 Sklearn 进行 one-hot 编码样本[0,1,1]。

分析：data 共有四个样本、三个特征，即三列。对于第一个特征，对应第一列，取值有 0，1 两个属性值；对于第二个特征，对应第二列，取值有 0，1，2 三个值。对于第三个特征，对应第三列，取值有 0，1，2，3 四个取值。

```
from sklearn.preprocessing import OneHotEncoder
data = [[0, 0, 3], [1, 1, 0], [0, 2, 1], [1, 0, 2]]
enc = OneHotEncoder()
enc.fit(data)
print(enc.transform([[0,1,1]]).toarray())
```

输出结果为：[[1. 0. 0. 1. 0. 0. 1. 0. 0.]]。

enc.transform([[0, 1, 1]]).toarray()将[0, 1, 1]这个样本转化为基于上面四个输入的 one-hot 编码。那么可以得到：

第一个属性值 0，对应第一列：0→10；第二个属性值 1，对应第二列：1→010；第三个属性值 1，对应第三列：1→0100。

9.3.3　数据集拆分

通常将数据集拆分为训练集和测试集，有助于模型参数的选取。数据集划分为训练集和测试集的常用方法是使用 Sklearn 的子模块 model_selection 拆分数据集，方法为：

```
train_test_split(*arrays, **options)
```
返回分割后的列表，长度=2*len(arrays), (train-test split)，如：

```
from sklearn.mode_selection import train_test_split
X_train, X_test, y_train, y_test = train_test_split(X, y, test_size=0.3, random_state=42)
```
参数说明：arrays 是样本数组，包含特征向量和标签；test_size 是测试大小，如果是 float，就表示获得多大比重的测试样本（默认：0.25），如果是 int，则表示获得多少个测试样本；train_size 和 test_size 一样；random_state 参数，如果是 int，表示随机种子（种子固定，实验可复现），如果是 shuffle，表示是否在分割之前对数据进行洗牌（默认 True）。如对鸢尾花数据集进行如下拆分。

```
from sklearn import datasets
from sklearn.model_selection import train_test_split # 导入模块
iris = datasets.load_iris()   # 加载 iris 数据集

x_train, x_test, y_train, t_test = train_test_split(iris.data, iris.target, test_size=0.3,
random_state=30)
print("训练集样本大小",x_train.shape)   # 输出：训练集样本大小 (105, 4)
print("训练集标签大小",y_train.shape)   # 输出：训练集标签大小 (105,)
```

9.3.4 定义模型

在这一步先要分析数据的类型，分清要用什么模型来模拟，然后就可以在 Sklearn 中定义模型了。Sklearn 为所有模型提供了非常相似的接口，这样可以快速地熟悉所有模型的用法。模型的常用属性和功能如下：

```
model.fit(X_train, y_train)   # 拟合模型
model.predict(X_test)   # 模型预测
model.get_params()   # 获得这个模型的参数
model.score(data_X, data_y)   # 为模型进行打分
```

1. 线性回归

```
from sklearn.linear_model import LinearRegression
# 定义线性回归模型
model = LinearRegression(fit_intercept=True, normalize=False, copy_X=True, n_jobs=1)
```
其中，参数 fit_intercept 表示是否计算截距，False 表示模型没有截距；normalize 表示当 fit_intercept 设置为 False 时，该参数将被忽略，如果为真，则回归前的回归系数 X 将通过减去平均值并除以 12-范数而归一化；n_jobs 表示线程数。

2. 逻辑回归 LR

```
from sklearn.linear_model import LogisticRegression
# 定义逻辑回归模型
model = LogisticRegression(penalty='12', dual=False, tol=0.0001, C=1.0,
    fit_intercept=True, intercept_scaling=1, class_weight=None,
    random_state=None, solver='liblinear', max_iter=100, multi_class='ovr',
    verbose=0, warm_start=False, n_jobs=1)
```
其中，参数 penalty 表示使用指定正则化项（默认：12）；dual 表示 n_samples > n_features 取 False（默认）；C 为正则化强度，值越小正则化强度越大；n_jobs 表示指定线程数；random_state 表示随机数生成器；fit_intercept 表示是否需要常量。

3. 朴素贝叶斯算法 NB

```
from sklearn import naive_bayes
model = naive_bayes.GaussianNB()   # 高斯贝叶斯

model = naive_bayes.MultinomialNB(alpha=1.0, fit_prior=True, class_prior=None)
```

```
model =naive_bayes.BernoulliNB(alpha=1.0,binarize=0.0, fit_prior=True, class_prior=None)
```
其中，参数 alpha 表示平滑参数；fit_prior 表示是否要学习类的先验概率，False 为使用统一的先验概率；class_prior 表示是否指定类的先验概率，若指定，则不能根据参数调整；binarize 表示二值化的阈值，若为 None，则假设输入由二进制向量组成。文本分类问题常用 MultinomialNB。

4. 决策树

```
from sklearn import tree
model = tree.DecisionTreeClassifier(criterion='gini', max_depth=None,
        min_samples_split=2, min_samples_leaf=1, min_weight_fraction_leaf=0.0,
        max_features=None, random_state=None, max_leaf_nodes=None,
        min_impurity_decrease=0.0, min_impurity_split=None,
         class_weight=None, presort=False)
```
其中，参数 criterion 表示特征选择准则 gini/entropy；max_depth 表示树的最大深度，None 为尽量下分；min_samples_split 表示分裂内部节点，所需要的最小样本树；min_samples_leaf 表示叶子节点所需要的最小样本数；max_features 表示寻找最优分割点时的最大特征数；max_leaf_nodes 表示优先增长到最大叶子节点数；min_impurity_decrease 表示如果这种分离导致杂质的减少大于或等于这个值，则节点将被拆分。

5. 支持向量机 SVM

```
from sklearn.svm import SVC
model = SVC(C=1.0, kernel='rbf', gamma='auto')
```
其中，参数 C 表示误差项的惩罚参数；gamma 表示核相关系数。

6. k 近邻算法 kNN

```
from sklearn import neighbors
#定义 kNN 分类模型
model = neighbors.KNeighborsClassifier(n_neighbors=5, n_jobs=1) # 分类
model = neighbors.KNeighborsRegressor(n_neighbors=5, n_jobs=1) # 回归
```
其中，参数 n_neighbors 表示使用邻居的数目；n_jobs 表示并行任务数。

7. 多层感知机

```
from sklearn.neural_network import MLPClassifier
# 定义多层感知机分类算法
model = MLPClassifier(activation='relu', solver='adam', alpha=0.0001)
```
其中，参数 hidden_layer_sizes 表示元组；activation 表示激活函数；solver 表示优化算法 {'lbfgs', 'sgd', 'adam'}；alpha 表示 L2 惩罚（正则化项）参数。

9.3.5 模型评估与选择

1. 交叉验证

```
from sklearn.model_selection import cross_val_score
```

```
cross_val_score(model, X, y=None, scoring=None, cv=None, n_jobs=1)
```
其中，参数 model 表示拟合数据的模型；cv 表示 k-fold；scoring 表示打分参数 accuracy、f1、precision、recall、roc_auc、neg_log_loss 等。

2. 检验曲线

使用检验曲线，可以更加方便地改变模型参数，获取模型表现。

```
from sklearn.model_selection import validation_curve
train_score, test_score = validation_curve(model, X, y, param_name, param_range, cv=None, scoring=None, n_jobs=1)
```

其中，参数 model 表示用于 fit 和 predict 的对象；X, y 表示训练集的特征和标签；param_name 表示将被改变参数的名字；param_range 表示参数的改变范围；cv 表示 k-fold 返回值；train_score 表示训练集得分（array）；test_score 表示验证集得分（array）。

9.3.6 保存模型

最后，可以将训练好的 model 保存到本地，或者放到线上供用户使用。保存训练好的 model 主要有下面两种方式：

1. 保存为 pickle 文件

```
import pickle
with open('model.pickle', 'wb') as f:    # 保存模型
    pickle.dump(model, f)
with open('model.pickle', 'rb') as f:    # 读取模型
    model = pickle.load(f)
model.predict(X_test)
```

2. sklearn 自带方法 joblib

```
from sklearn.externals import joblib
joblib.dump(model, 'model.pickle')    # 保存模型
model = joblib.load('model.pickle')    #载入模型
```

 练习题

一、选择题

1. 关于 NLTK 库的描述，以下选项中正确的是（　　）。

   A. NLTK 是一个支持符号计算的 Python 第三方库。

   B. NLTK 是支持多种语言的自然语言处理 Python 第三方库。

   C. NLTK 是数据可视化方向的 Python 第三方库。

   D. NLTK 是网络爬虫方向的 Python 第三方库。

2. 关于 Requests 的描述，以下选项中正确的是（　　）。

　　A. Requests 是数据可视化方向的 Python 第三方库。

　　B. Requests 是处理 HTTP 请求的第三方库。

　　C. Requests 是支持多种语言的自然语言处理 Python 第三方库。

　　D. Requests 是一个支持符号计算的 Python 第三方库。

3. Python 机器学习方向的第三方库是（　　）。

　　A. Requests　　　　　B. TensorFlow　　C. SciPy　　　　　D. Pandas

4. Python 网络爬虫方向的第三方库是（　　）。

　　A. ScraPy　　　　　B. Numpy　　　　C. Openpyxl　　　　D. PyQt5

5. Python 中文分词的第三方库是（　　）。

　　A. turtle　　　　　B. jieba　　　　C. itchat　　　　　D. time

6. 属于机器学习中的分类问题有（　　）。

　　A. 预测明天天气是阴、晴还是雨。

　　B. 我想写个软件看看客户账号有没有被盗用或者破坏。

　　C. 预测明天的温度是多少度。

　　D. 如果我有很多货物，想要预测未来 4 个月这些货物的销量情况。

7. 下面哪些属于机器学习中的聚类，也就是非监督学习算法？（　　）

　　A. 给定网上下载多篇新闻，自动将相同主题的新闻放在一个文件夹中。

　　B. 给定一个病人数据库，判断这些病人是否为糖尿病人。

　　C. 将邮件标记为垃圾或者非垃圾，然后对垃圾邮件进行过滤。

　　D. 给定一个客户数据库，自动将相同喜好的客户进行归类后，放置在不同的子市场。

8. 监督学习算法不包括（　　）。

　　A. 线性回归　　　　B. SVM　　　　C. 逻辑回归　　　　D. 聚类算法

9. 找到二维数组 array = np.arange(9).reshape(3,3)每一行中的最大值的方法是（　　）。

　　A. array.max(axis=1)　　　　　　　B. array.max(axis=0)

　　C. array.max(axes=1)　　　　　　　D. array.max(axes=1)

10. 创建 n×n 的二维数组 z = np.ones((n,n))，使其边缘为 1，内部均为 0 的方法为（　　）。

　　A. z[1:-1,1:-1] = 0　　B. z[1:-1,1:-1] = 1　　C. z[-1:1,-1:1] = 0　　D. z[-1:1,-1:1] = 1

二、实践操作题

1. 对字符串"中国特色社会主义进入新时代，我国社会主要矛盾已经转化为人民日益增长的美好生活需要和不平衡不充分的发展之间的矛盾。"进行精确分词，并计算字符串的中文字符个数及中文词语个数。

2. 用键盘输入一句话，用 jieba 分词后，将切分的词组按照在原话中的逆序输出到屏幕上，词组中间没有空格。

3. 用 DecisionTreeRegressor()对波士顿房价进行预测。

4. 用 KMeans 对手写体数字进行识别。

第 10 章　Python 文件与数据格式化

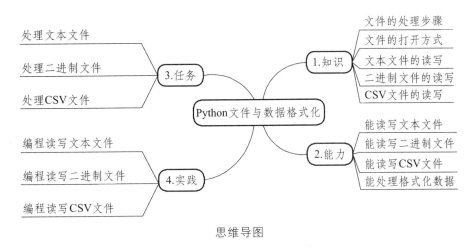

思维导图

文件（File）是存储在存储介质上的数据序列，是数据存储的一种形式。根据数据的组织，文件可以分为 ASCII 文件和二进制文件。

ASCII 文件又称文本文件，存储的是字符串，由若干文本行组成，通常每行以换行符 "\n" 结尾。文本文件可以使用字处理软件如 gedit、记事本等进行编辑。二进制文件将对象内容以字节串（bytes）的形式进行存储，无法用记事本或其他普通字处理软件直接进行编辑，通常也无法被人们直接阅读和理解，需要使用专门的软件进行解码后读取、显示或修改。常见的如图形图像文件、音视频文件、可执行文件、资源文件、各种数据库文件、各类 Office 文档等都属于二进制文件。

Python 为创建、写入和读取文件提供了内置函数，不需要导入外部库读写文件。Python 和其他语言类似，在处理文件时遵循一个特定的步骤：打开→操作→关闭。

10.1　文件的读写

10.1.1　文件打开与关闭

打开文件的方法 open( )的原型如下：

```
open(file,mode='r',buffering=-1, encoding=None, errors=None, newline=None, closefd=True,
opener=None)
```

该函数返回一个文件输入输出（I/O）对象，如果文件不存在或者打开出错则触发异常。函数参数中比较重要的是前四个参数，其他参数取默认值即可，前四个参数含义如表 10.1 所示。

表 10.1　open()函数的主要参数

参　　数	功能简要说明
file	文件路径，需要加引号
mode	打开方式，默认只读方式
buffering	取值有 0,1,>1 三个，0 代表 buffer 关闭（只适用于二进制模式），1 代表 line buffer（只适用于文本模式），>1 表示初始化的 buffer 大小
encoding	打开文件编码格式，一般采用 utf8 或者 gbk

关闭文件的方法是 close()，为方便理解文件的操作方法，打开文件之前，先在 d 盘上新建一个文本文件：d:\test.txt（在硬盘 d 上单击鼠标右键，新建文本文件即可），在文件中添加内容，如图 10.1 所示。

图 10.1　创建文本文件

把图 10.1 中文件内容读出来显示在屏幕上，程序如下：

```
path = r'd:\test.txt'  #文件路径
f = open(path, encoding='utf8')  #打开文件，指定为 utf8 编码
txt = f.read()  #读取文件

print(txt)
f.close()  #关闭文件
```

程序运行结果如图 10.2 所示。

```
IDLE Shell 3.9.1                                                    —  □  ×
File  Edit  Shell  Debug  Options  Window  Help
Python 3.9.1 (tags/v3.9.1:1e5d33e, Dec  7 2020, 17:08:21) [MSC v.1927 64 bit (AMD64)
] on win32
Type "help", "copyright", "credits" or "license()" for more information.
>>>
============ RESTART: C:/Users/Administrator/Desktop/教材程序/10.1.py ============
姓名        学号              成绩
张三    20177701388       90
李四    20170501398       93
王五    20167481332       95
赵六    20166461382       89
>>>
                                                                    Ln: 10 Col: 4
```

图 10.2　显示文件内容

为了防止忘记关闭文件造成文件错误或内存溢出，Python 增加了具有上下文管理功能的 with 语句，其语法格式为 with 语句块 as 别名:。如：

path = r'd:\test.txt' #文件路径

with open(path, encoding='utf8') as f: # f 是打开文件的别名

　　txt = f.read() # 读取文件，10.1.3 节详解

　　print(txt)

当 with 体执行完后，将自动关闭打开的文件，即自动执行 f.close()方法关闭文件。如同时打开多个文件，也可以用 with 语句，如：

with open("file1.txt",'r') as f ,open("file2.new",'r') as m:

上述语句表示同时打开两个文件 f 和 m。

10.1.2　文件打开方式

open() 函数中的打开方式参数 mode 的取值如表 10.2 所示。

表 10.2　打开方式参数

打开方式	参数简要说明
'r'	只读方式，不能写入
'w'	只写方式打开，文件不存在创建文件，文件存在截断文件
'a'	只写方式打开，如果文件存在，在文件尾部开始写入
'+'	读写方式打开（可与其他模式组合）
'b'	二进制方式打开（可组合），如图片；'rb'、'wb'、'ab'与'b'操作类似

例 10.1　自建一个.py 文件，包含中英文内容，选择正确的参数打开并显示出来。

with open("d:\\aaa.py",'r',encoding='utf8') as f:

　　txt=f.read()

print(txt)

思考：例 10.1 中，打开方式能否是 "rb"，为什么要指定 encoding='utf8'?

10.1.3　文本文件读写

1. 文本文件读取

读取文本文件的方法有三个，如表 10.3 所示。

表 10.3　读取文本文件的方法

方　　法	功能简要说明
read(size=-1, /)	读取指定字节或者读完，默认读完
readline(size=-1, /)	读取一行
readlines(hint=-1, /)	读取多行，默认读取完，返回每行组成列表

read()方法的特点是读取整个文件，将文件内容放到一个字符串变量中。但是，如果文件

非常大，尤其是大于内存时，无法使用 read()方法。

readline()方法的特点是每次读取一行，返回的是一个字符串对象，保持当前行的内容，但比 readlines 慢得多。

readlines()方法的特点是一次性读取整个文件，自动将文件内容分成一个行的列表。

例 10.2 分别用 readline()方法和 readlines()方法读取图 10.1 创建的 d:\test.txt 文件内容。

```
path = r'd:\test.txt'  #文件路径
f = open(path,encoding='utf8')   #打开文件
txt = f.readline()  #读取文件

print(txt)
f.close()   #关闭文件
```

程序运行结果如图 10.3 所示。

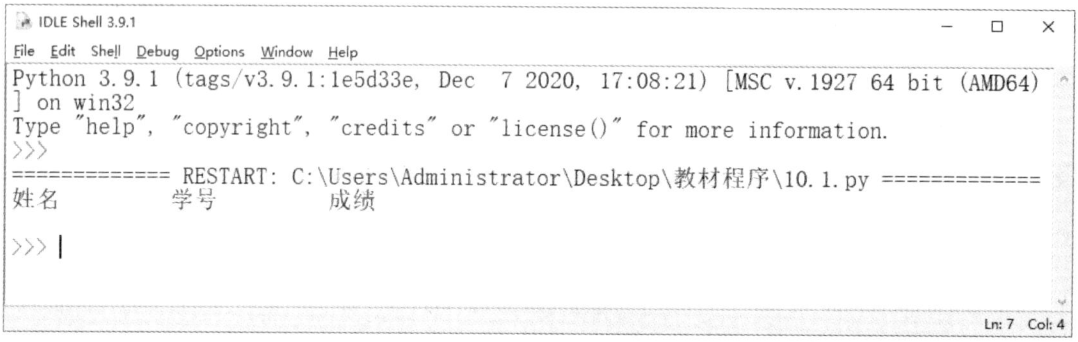

图 10.3　readline()方法读取文件

结果显示只读取了一行，改进以读取所有行的数据需通过循环实现，程序如下：

```
path = r'd:\test.txt'  #文件路径
f = open(path,encoding='utf8')  #打开文件
while True:
    txt = f.readline()  #读取文件
    if txt:
        print(txt,end='')
    else:
        break
f.close()  #关闭文件
```

再看用 readlines() 方法实现，程序如下：

```
path = r'd:\test.txt'  # 文件路径
f = open(path,encoding='utf8')  # 打开文件
txt = f.readlines()  # 读取文件

print(txt)
f.close()  # 关闭文件
```

程序运行结果如图 10.4 所示。

```
IDLE Shell 3.9.1                                                    –    □    ×
File  Edit  Shell  Debug  Options  Window  Help
Python 3.9.1 (tags/v3.9.1:1e5d33e, Dec  7 2020, 17:08:21) [MSC v.1927 64 bit (AMD64)
] on win32
Type "help", "copyright", "credits" or "license()" for more information.
>>>
============= RESTART: C:\Users\Administrator\Desktop\教材程序\10.1.py =============
['姓名          学号          成绩\n', '张三   20177701388     90\n', '李四   20170501398
 93 \n', '王五   20167481332    95\n', '黄六   20166461382     89']
>>> |
                                                                           Ln: 6  Col: 4
```

图 10.4   readlines()方法读取文件

结果说明 readlines()方法将文件内容分析成一个行的列表，如果还原，需从列表中读出数据原样显示，通过如下改进，可以恢复原来文件的格式。

```
path = r'd:\test.txt'  #文件路径
f = open(path,encoding='utf8')  #打开文件
txt = f.readlines()    #读取文件
for line in txt:
    print(line,end='')
f.close()    #关闭文件
```

2. 文本文件写入

文本文件的写入方法有两个，如表 10.4 所示。

表 10.4   写文本文件方法

函　　数	功能简要说明
write(str, /)	写入字符串，返回写入的字节数
writelines(sequence, /)	写入多行

write()方法的参数是一个字符串，就是要写入文件的内容。writelines()的参数是序列，比如列表，它会迭代写入文件。

例 10.3   把图 10.1 中学生信息写入 d:\testw.txt 中，表头写一行，学生信息分多行写入。

```
stuinfo = ['张三   20177701388    90\n 李四   20170501398    93 \n\  #续行符\
王五   20167481332    95\n 黄六   20166461382    89\n']  #'\n'换行符
path = r'd:\testw.txt'  #只写方式打开文件
f = open(path,'w')
f.write('姓名\t 学号\t 成绩\n')  #写入一行，\t 是制表符，一般显示 8 列宽
f.writelines(stuinfo)  #写入多行
f.close()
```

运行后，有文件在 d:\testw.txt 中，打开显示如图 10.5 所示。

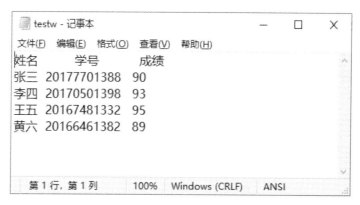

图 10.5 写文件运行结果

10.1.4 二进制文件读写

Python 对文本文件的读写非常简便，对二进制文件的读写也是三个步骤，即打开文件、读写数据和关闭文件，但是注意二进制数据是由 bytes 类型表示。如：

```
file1=open("d:\\data1.dat","wb")  #二进制写方式创建或打开文件
file1.write(b'123456')  #写入 bytes 类型数据
file1.close()
```

write()方法返回的是实际写入的字节数，此外还有 flush()方法将缓冲区的数据更新到文件中。

读取二进制文件的方法是 read()方法，从文件中读取剩余内容直到文件结尾，返回一个 byte 对象。还有 read(n)方法，从文件中最多读取 n 个字节，返回一个 bytes 对象，如 n 是负数或 None，则读取至文件结尾，上面 d:\\data1.dat 已写入 b'123456'，读取如下：

```
file2=open("d:\\data1.dat","rb")
b1=file2.read(2)  #读 2 个字节
b2=file2.read()
print(b1)  #显示 b'12'
print(b2)  # 显示 b'3456'
file2.close()
```

例 10.4 在网上找一幅猫的图片保存至 d:\\cat1.jpg，编程复制该图为文件 d:\\cat2.jpg。

```
with open("d:\\cat1.jpg",'rb')as f1,open ("d:\\cat2.jpg",'wb') as f2:
    f2.write(f1.read())
```

10.2 数据格式化处理

从一个数据到一组数据，是编写程序或理解事物的一个跨度。一个数据表达一个含义，一组数据表达一个或多个含义。对于一组数据，可以采取一维、二维方式或多维方式组织，这就构成不同的数据组织形式。如常用的 JSON(JavaScript Object Notation)格式就是一种多维的数据交互格式。

10.2.1 一维数据的处理

一维数据的处理指的是数据存储与数据表示之间的转换，也就是说如何将存储的一维数据读入程序并表示为列表或集合，或者反过来，如何将程序表示的数据写入到文件中。

例 10.4 在 d 盘新建文本文件 d:\data.txt，其内容为：德国，英国，中国，日本，美国，法国，巴基斯坦，读取内容并分离出每个国家的名称，程序如下：

```
#文件内容为："德国,英国,中国,日本,美国,法国,巴基斯坦"
f=open(r"d:\data.txt",encoding='utf8')
str=f.read()
ls=str.split(sep=',')   #默认以空格区分，指定为逗号区分

f.close()
print(ls)
#输出结果为  ['德国', '英国', '中国', '日本', '美国', '法国', '巴基斯坦']
```

将上述一维数据写入文件，程序如下：

```
ls=['德国', '英国', '中国', '日本', '美国', '法国', '巴基斯坦']
f=open(r"d:\dataw.txt","w")
f.write(':'.join(ls))   # join()函数是将前面的字符串作为分隔符添加到列表的元素之间
f.close()
#文件内容变为：德国:英国:中国:日本:美国:法国:巴基斯坦
```

10.2.2 CSV 文件与二维数据的读写

二维数据一般是表格形式。由于它的每一行具有相同的格式特点，一般采用二维列表表示二维数据。二维列表指它本身是一个列表，而列表中的每一个元素又是一个列表。

CSV（Comma-Separated Values，逗号分隔值）文件是用逗号分隔值的一种数据存储方式。用逗号分隔值，是国际通用的一种一、二维数据存储格式，一般这种文件以.csv 为扩展名，其中每行是一个一维数据，采用逗号来分隔，并且文件中没有空行，那么不同行就构成了另一个维度。CSV 文件可以使用 Office Excel 软件打开保存。另外，一般的编辑软件都可以生成或转换为 CSV 格式。CSV 格式是数据转换的通用标准格式，优点是 Python 自带库，用法简单，缺点是只能保存数字和文本，只能有一张表。

新建 Excel 表格，如图 10.6 所示，写入数据，然后另存为 CSV 格式 d:\mycsv.csv（保存类型选 CSV 格式），保存后的文件选择打开方式，用记事本打开，如图 10.7 所示。

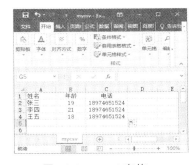

图 10.6　Excel 表格

图 10.7　CSV 记事本格式

从图 10.7 中 CSV 格式的文件读入数据，程序如下：

```
#读入文件内容为上表所示
fo=open(r"d:\mycsv.csv")
ls=[]
for line in fo:
    line=line.replace("\n","")   # 把每行的换行符\n 换成空字符
    ls.append(line.split(","))
fo.close()
print(ls)
#输出结果为[['姓名', '年龄', '电话'], ['张三', '19', '18974651524'], ['李四', '21',
'18974651524'], ['王五', '18', '18974651524']]
```

将保存在列表中的二维数据写入 CSV 文件中，程序如下：

```
ls=[['姓名', '年龄', '电话'], ['张三', '19', '18974651524'], ['李四', '21', '18974651524'], ['王五',
'18', '18974651524']]
fo=open(r"d:\mycsv2.csv","w")
for item in ls:
    fo.write(','.join(item)+'\n')
f.close()
#文件内容还原为最初的文件样式
```

二维数据也可以按行和列逐一处理，用双循环实现，程序如下：

```
ls=[[1,2],[3,4],[5,6]]
for row in ls:
    for column in row:
        print(column,end=" ")       #输出结果为 1 2 3 4 5 6
```

10.2.3 Pandas 读写 CSV 文件

Pandas 读 CSV 文件的方法是 Pandas.read_csv()，如有文件 d:\\mycsv.csv，如图 10.8 所示，读取方法如下。

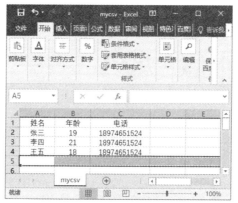

图 10.8 csv 文件

```
import pandas as pd
df = pd.read_csv('d:\\mycsv.csv',encoding='gbk')
print(df.to_string())
```

encoding='gbk'：指定编码格式为'gbk'。计算机 Windows 默认编码是 GB2312 编码，Python 默认是 utf-8 编码，不指定编码的话，CSV 内存显示中文时会出现错误。

to_string()：用于返回 DataFrame 类型的数据，如果不使用该函数，则输出结果为数据的前面 5 行和末尾 5 行，中间部分以…代替。

Pandas 写 CSV 文件的方法是 DataFrame.to_csv()，中文需要指定 encoding='gbk'，如：

```
import pandas as pd
nme = ["张三", "李四", "王五", "赵六"]
st = ["北京", "上海", "武汉", "成都"]
ag = [21, 19, 18, 20]
dict = {'name': nme, 'site': st, 'age': ag}
df = pd.DataFrame(dict)
df.to_csv('d:\\person.csv',encoding='gbk')
```

程序运行结果如图 10.9 所示。

⊿	A	B	C	D	E
1		name	site	age	
2	0	张三	北京	21	
3	1	李四	上海	19	
4	2	王五	武汉	18	
5	3	赵六	成都	20	
6					

图 10.9　DataFrame 写 CSV 文件

10.2.4　利用 CSV 模块读写文件

Python 有 CSV 模块专门用于 CSV 文件的管理，利用 CSV 模块读写文件的方法是先导入 CSV 模块，创建一个 CSV 文件对象，再打开文件进行读取。CSV 模块的读写方法是 reader() 和 writer()，格式如下：

```
csv.reader(csvfile, dialect='excel')
csv.writer(csvfile, dialect='excel')
```

参数说明：csvfile 是支持迭代（Iterator）的对象，可以是文件（file）对象或者列表（list）对象等；dialect 是编码风格，默认为 Excel 的风格。如：

```
import csv
f = open(r'd:\test1.csv','r')
reader = csv.reader(f)
for i in reader:
    print(i)
```

写入 CSV 文件时，首先导入 CSV 模块，创建一个 CSV 文件对象，进行写入 CSV 文件。

```
import csv
```

```
data = [
    ("测试 1",'软件测试工程师'),
    ("测试 2",'软件测试工程师'),
    ("测试 3",'软件测试工程师'),
    ("测试 4",'软件测试工程师'),
    ("测试 5",'软件测试工程师'),
]
f = open(r'd:\test2.csv','w',newline='')
writer = csv. writer (f)
for i in data:
    writer.writerow(i)    # writerow()方法是一行一行写入
f.close()
```

运行程序，在 d 盘上发现多了一个文件 test2.csv，双击打开，显示如图 10.10 所示。

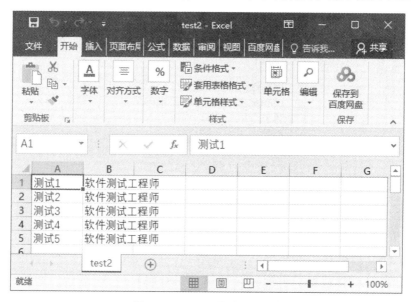

图 10.10　CSV 模块写文件

在 CSV 模块中，除了利用函数读写 CSV 文件以外，还有一种类方法处理文件，如读写文件用 csv.DictReader()和 csv.DictWriter()方法，其他一些方法参见相关文档。

练习题

一、选择题

1. 打开一个已有文件，然后在文件末尾添加信息，正确的打开方式为（　　）。

　　A. 'r'　　　　　　　B. 'w'　　　　　　C. 'a'　　　　　　　D. 'w+'

2. 假设文件不存在，如果使用 open 方法打开文件会报错，那么该文件的打开方式是下列哪种模式？（   ）

    A. 'r'　　　　　　　　B. 'w'　　　　　　C. 'a'　　　　　　　D. 'w+'

3. 假设 file 是文本文件对象，下列选项中哪个用于读取一行内容？（   ）。

    A. file.read( )　　　B. file.read(200)　C. file.readline()　　D. file.readlines()

4. 以只读方式打开 d:\myfile.txt 文件，以下代码正确的是（   ）。

    A. f=open("d:\\myfile.txt","r")　　　　B. f=open("d:\myfile.txt","r")

    C. f=open("d:\\myfile.txt","w")　　　　D. f=open("d:\\myfile.txt","r+")

5. 假如 D:\下面有个 file1.txt 文件，将字符串"中国加油"追加到文件尾部，代码正确的是（   ）。

    A. f=open("file1.txt","a+")　　f.write("中国加油")

    B. f=open("d:\\file1.txt","w")　　f.write("中国加油")

    C. f=open("d:\\file1.txt","a+")　　f.write("中国加油")

    D. f=open("d:\file1.txt","a+")　　f.write("中国加油")

6. 将 2 个字符串"aaaa""bbbb"分 2 行保存到 d:\\file.txt 中，代码正确的是（   ）。

    A. f=open("d:\\file.txt","w")　　f.writelines(["aaaa\n","bbbb\n"])

    B. f=open("d:\\file.txt","w")　　f.write(["aaaa\n","bbbb\n"])

    C. f=open("d:\\file.txt","w")　　f.writelines(["aaaa","bbbb"])

    D. f=open("d:\\file.txt","r")　　f.writelines(["aaaa","bbbb\n"])

7. d:\stu.csv 文件保存了学生的信息，以下代码序列（   ）能实现信息的读出。

A.
```
import csv
f=open("d:\\stu.csv","r")
r=csv.read(f)
for i in r:
        print(i)
f.close()
```
B.
```
import csv
f=open("d:\\stu.csv","r")
r=csv.reader(f)
print(r)
f.close()
```
C.
```
import csv
f=open("d:\\stu.csv","r")
r=csv.reader(f)
for i in r:
        print(i)
```

```
f.close()
```
D.
```
improt csv
f=open("d:\\stu.csv","w")
r=csv.reader(f)
for i in r:
    print(i)
f.close()
```

8. 文件 file.txt 内容如下：

  aaaa

  bbbb

执行 f=open("file.txt","r")

  s=f.readlines()

  print(s)

后，输出结果为（ ）。

  A. aaaa bbbb   B. ['aaaa\n','bbbb\n']

  C. 'aaaa\nbbbb\n'   D. aaaa bbbb

9. 以下关于文件的描述，错误的是（ ）。

  A. 二进制文件和文本文件的操作步骤都是"打开→操作→关闭"。

  B. open()打开文件之后，文件的内容并没有在内存中。

  C. open()只能打开一个已经存在的文件。

  D. 文件读写之后，要调用 close()才能确保文件被保存在磁盘中。

10. 以下程序输出到文件 text.csv 里的结果是（ ）。

```
fo = open("text.csv",'w')
x = [90,87,93]
z = []
for y in x:
        z.append(str(y))
    fo.write(",".join(z))
fo.close()
```

  A. [90,87,93]   B. 90,87,93   C. '[90,87,93]'   D. '90,87,93'

二、填空题

1. 打开文件对文件进行读写，操作完成后应该调用_____方法关闭文件，以释放资源。

2. 使用 readlines()方法把整个文件中的内容进行一次性读取,返回的是一个_____。

3. 按数据组织形式，可以把文件分为文本文件和_____两大类。

4. Python 内置函数_____用来打开或创建文件并返回文件对象。

5. Python 内置函数 open()的参数_____用来指定文件打开模式。

6. Python 内置函数 open()的参数_____用来指定打开文本文件时所使用的编码格式。

7. 对文件进行写入操作之后，_____方法用来在不关闭文件对象的情况下将缓冲区内容写入文件。

8. 使用上下文管理关键字_____可以自动管理文件对象，不论何种原因结束该关键字中的语句块，都能保证文件被正确关闭。

9. 对于文本文件，使用 Python 内置函数 open() 成功打开后返回的文件对象_____（可以、不可以？）使用 for 循环直接迭代。

10. 利用 CSV 模块的读写 CSV 文件的方法是_____，_____。

三、实践操作题

1. 读取一个含有 # 注释的文本文件 abc.txt，显示除了以 # 号开头的行以外的所有行。

2. 将二维列表 [[0.123,0.456,0.789],[0.321,0.654,0.987]] 写成名为 csv_data 的 CSV 格式的文件，并尝试用 Excel 打开它。

3. 从第 2 题中的 csv_data.csv 文件中读出二维列表，显示在屏幕上。

4. 向 csv_data.csv 文件追加二维列表 [[1.111,1.222,1.333],[2.111,2.222,2.333]]，然后读出所有数据。

## 第 3 篇

实 验 部 分

实验 1 Python 环境与输入输出

【知识回顾】

（1）IDLE 开发环境是 Python 自带的开发环境，有命令行和文件模式两种。一般测试单个命令或简单程序用命令行，文件模式可以编写一个文件，便于保存、修改和运行。

（2）输入函数是内置函数 input()，直接使用。需要注意的是，函数返回的是一个字符串，如要得到数字，需要进行转换。

（3）输出函数是内置函数 print()，直接使用，可以输出变量或常量，输入多个时用分隔符隔开，也可以用+号把多个量连接在一起。

【实验目的和要求】

（1）熟悉 Python IDLE 开发环境。
（2）熟悉输入输出函数的用法。
（3）会编辑、修改、运行和保存文件。

【实验内容】

一、基础训练（在命令行中进行）

（1）快速生成由 [5,50) 区间内的整数组成的列表。
（2）计算字符串表达式 "(2+3)*5" 的值。
（3）计算 5 的 3.5 方和 3 的立方根。
（4）对 3.1415926 四舍五入，保留小数点后 5 位。
（5）判断两个对象在内存中是否是同一个。
（6）给定两个浮点数 3.1415926 和 2.7182818，格式化输出字符串 pi=3.1416, e=2.7183。
（7）将 0.00774592 和 356800000 格式化输出为科学计数法字符串。
（8）将十进制整数 240 格式化为八进制和十六进制的字符串。
（9）将十进制整数 240 转为二进制、八进制、十六进制的字符串。
（10）将字符串 "10100" 按照二进制、八进制、十进制、十六进制转为整数。

二、编程训练[第（1）题在命令行中完成，其他题在文件模式中进行]

（1）利用 Python 命令行环境进行简单的四则运算，会查看 Python 关键字和内置函数。

① 按图 S1.1 简单计算，测试利用运算符进行数学计算，比较与数学计算的差异。

```
IDLE Shell 3.9.1
File Edit Shell Debug Options Window Help
Python 3.9.1 (tags/v3.9.1:1e5d33e, Dec  7 2020, 17:08:21) [MSC v.1927 64 bit (AM
D64)] on win32
Type "help", "copyright", "credits" or "license()" for more information.
>>> 1+1
2
>>> 1-2
-1
>>> 9*9
81
>>> 9**2
81
>>> 9**3
729
>>> 99*99
9801
>>> 1/2
0.5
>>> 1//2
0
>>> 9/2
4.5
>>> 9//2
4
>>> |
Ln: 23  Col: 4
```

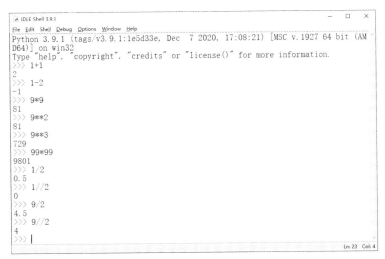

图 S1.1　计算结果

② 查看系统关键字（见图 S1.2），需要加载模块 keyword。

```
IDLE Shell 3.9.1
File Edit Shell Debug Options Window Help
Python 3.9.1 (tags/v3.9.1:1e5d33e, Dec  7 2020, 17:08:21) [MSC v.1927 64 bit (AMD64
)] on win32
Type "help", "copyright", "credits" or "license()" for more information.
>>> import keyword
>>> print(keyword.kwlist)
['False', 'None', 'True', '__peg_parser__', 'and', 'as', 'assert', 'async', 'await'
, 'break', 'class', 'continue', 'def', 'del', 'elif', 'else', 'except', 'finally',
'for', 'from', 'global', 'if', 'import', 'in', 'is', 'lambda', 'nonlocal', 'not',
or', 'pass', 'raise', 'return', 'try', 'while', 'with', 'yield']
>>> |
Ln: 6  Col: 4
```

图 S1.2　系统关键字

③ 查看内置函数，dir()是显示模块的内容，如图 S1.3 所示。注意 builtins 前后是双下划线。

```
IDLE Shell 3.9.1
File Edit Shell Debug Options Window Help
Python 3.9.1 (tags/v3.9.1:1e5d33e, Dec  7 2020, 17:08:21) [MSC v.1927 64 bit (AMD64)] on win32
Type "help", "copyright", "credits" or "license()" for more information.
>>> dir(__builtins__)
['ArithmeticError', 'AssertionError', 'AttributeError', 'BaseException', 'BlockingIOError', 'BrokenPipeE
rror', 'BufferError', 'BytesWarning', 'ChildProcessError', 'ConnectionAbortedError', 'ConnectionError',
'ConnectionRefusedError', 'ConnectionResetError', 'DeprecationWarning', 'EOFError', 'Ellipsis', 'Environ
mentError', 'Exception', 'False', 'FileExistsError', 'FileNotFoundError', 'FloatingPointError', 'FutureW
arning', 'GeneratorExit', 'IOError', 'ImportError', 'ImportWarning', 'IndentationError', 'IndexError', '
InterruptedError', 'IsADirectoryError', 'KeyError', 'KeyboardInterrupt', 'LookupError', 'MemoryError', '
ModuleNotFoundError', 'NameError', 'None', 'NotADirectoryError', 'NotImplemented', 'NotImplementedError'
, 'OSError', 'OverflowError', 'PendingDeprecationWarning', 'PermissionError', 'ProcessLookupError', 'Rec
ursionError', 'ReferenceError', 'ResourceWarning', 'RuntimeError', 'RuntimeWarning', 'StopAsyncIteration
', 'StopIteration', 'SyntaxError', 'SyntaxWarning', 'SystemError', 'SystemExit', 'TabError', 'TimeoutErr
or', 'True', 'TypeError', 'UnboundLocalError', 'UnicodeDecodeError', 'UnicodeEncodeError', 'UnicodeError
', 'UnicodeTranslateError', 'UnicodeWarning', 'UserWarning', 'ValueError', 'Warning', 'WindowsError', 'Z
eroDivisionError', '__build_class__', '__debug__', '__doc__', '__import__', '__loader__', '__name__', '_
_package__', '__spec__', 'abs', 'all', 'any', 'ascii', 'bin', 'bool', 'breakpoint', 'bytearray', 'bytes'
, 'callable', 'chr', 'classmethod', 'compile', 'complex', 'copyright', 'credits', 'delattr', 'dict', 'di
r', 'divmod', 'enumerate', 'eval', 'exec', 'exit', 'filter', 'float', 'format', 'frozenset', 'getattr',
'globals', 'hasattr', 'hash', 'help', 'hex', 'id', 'input', 'int', 'isinstance', 'issubclass', 'iter', '
len', 'license', 'list', 'locals', 'map', 'max', 'memoryview', 'min', 'next', 'object', 'oct', 'open', '
ord', 'pow', 'print', 'property', 'quit', 'range', 'repr', 'reversed', 'round', 'set', 'setattr', 'slice
', 'sorted', 'staticmethod', 'str', 'sum', 'super', 'tuple', 'type', 'vars', 'zip']
>>>
Ln: 5  Col: 4
```

图 S1.3　内置函数

（2）编写一个程序，根据输入的 3 个成绩计算平均分，如图 S1.4 所示。

```
File Edit Format Run Options Window Help
grade1=int(input("请输入成绩1："))
grade2=int(input("请输入成绩2："))
grade3=int(input("请输入成绩3："))
average=float(((grade1+grade2+grade3)/3))
print("平均成绩：", average)
```

图 S1.4　计算平均成绩

（3）输入并输出学生的个人信息，如学号、姓名、性别、年龄、专业等，如图 S1.5 所示。

```
*inf.py - C:\Users\Administrator\Desktop\教材程序\inf.py (3.9.1)*                  —    □   ×
File Edit Format Run Options Window Help
ID=input("请输入学号：")
name=input("请输入姓名：")
sex=input("请输入性别：")
age=int(input("请输入年龄："))
major=input("请输入专业名称：")
print() #输出空行
print(name+"的个人信息为：")
print("学号：", ID, "\n性别：", sex, "\n年龄：", age, "\n专业：", major)
                                                                        Ln: 6  Col: 11
```

图 S1.5　输出学生个人信息

运行结果如图 S1.6 所示。

```
IDLE Shell 3.9.1                                                          —    □   ×
File Edit Shell Debug Options Window Help
Python 3.9.1 (tags/v3.9.1:1e5d33e, Dec  7 2020, 17:08:21) [MSC v.1927 64 bit (AM
D64)] on win32
Type "help", "copyright", "credits" or "license()" for more information.
>>>
============== RESTART: C:\Users\Administrator\Desktop\教材程序\inf.py =========
====
请输入学号：2020112233
请输入姓名：张三
请输入性别：男
请输入年龄：19
请输入专业名称：英语

张三的个人信息为：
学号：2020112233
性别：男
年龄：19
专业：英语
>>>
                                                                        Ln: 16  Col: 4
```

图 S1.6　运行结果

（4）编写程序，已知矩形的宽度和高度，并输出其面积。

```
width = 100 # 定义矩形的宽度
height = 10 # 定义矩形的高度
print(width * height) # 计算面积
```

（5）编写程序，完成以下信息的显示。

```
========================================
欢迎进入到身份认证系统 V1.0
1. 登录
2. 退出
3. 认证
4. 修改密码

========================================
```

实验 2 Python 科学计算基础

【知识回顾】

（1）熟记 Python 语言中的算术运算、赋值运算、关系运算和逻辑运算的表示。

（2）标准库 math 模块包含了常用的数学函数，可以直接使用。

（3）熟悉 random 库和 time 库的用法。

【实验目的和要求】

（1）会定义变量与常量。

（2）会利用 math 计算数学公式。

（3）会根据需要生成随机数，会利用系统时间。

【实验内容】

一、基础训练（在命令行中进行）

（1）将元组 (1,2,3) 和集合 {4,5,6} 合并成一个列表。

（2）将元组 (1,2) 和 (3,4) 合并成一个元组。

（3）将空间坐标元组 (1,2,3) 的三个元素解包对应到变量 x,y,z。

（4）交换变量 x 和 y 的值。

（5）判断给定的参数 x 是否是整型。

（6）判断给定的参数 x 是否为列表或元组。

（7）返回字符 'a' 和 'A' 的 ASCII 编码值。

（8）返回 ASCII 编码值为 57 和 122 的字符。

二、编程训练（在文件模式中进行）

（1）编程计算，已知垂直上抛铁球高度计算公式：$y(t) = v_0 t - \dfrac{1}{2} g t^2$。其中，$y$ 为高度 t 的函数；v_0 为初速度，即 t 为 0 时的速度；g 为重力加速度。要求：给定 t、v_0、g，计算 y。

```
v0 = 3; g = 9.81; t = 0.6   #输入
position = v0*t-0.5*g*t*t    #计算
velocity = v0-g*t
print('position:', position, 'velocity:', velocity) #输出
```

程序改进：利用键盘输入数据。

（2）输入三角形的三边，分别为 a、b、c，编写程序求 a 和 b 之间的夹角 C（角度值），保留 2 位小数。

```
import math
a = eval(input('请输入 a 的边长:'))
b = eval(input('请输入 b 的边长:'))
c = eval(input('请输入 c 的边长:'))
result =round(math.acos((a*a+b*b-c*c)/(2*a*b))*180/math.pi,2)
print(result)
```

（3）随机产生 3 个两位的正整数，输出这 3 个随机数及其平均值。

```
from random import randint
a = randint(10,99)
b = randint(10,99)
c = randint(10,99)
print(a,b,c)
average=(a+b+c)/3
print(average)
```

实验 3　Python 计算结构

【知识回顾】

（1）分支结构有 if 语句、if...else...语句、if...elif...语句，还可以嵌套使用。

（2）循环语句有 for 语句和 while 语句，注意可以带 else 子句，可根据实际情况使用。

（3）注意缩进位影响程序结构。

【实验目的和要求】

（1）掌握分支计算的用法。

（2）掌握循环计算的用法。

（3）掌握缩进位体现的程序结构。

（4）掌握 else 在分支和循环中的区别。

【实验内容】

一、基础训练（在命令行中进行）

（1）使用比较操作符重写逻辑表达式 a > 10 and a < 20。

（2）输出比较运算结果。

（3）使用列表作为条件表达式。

（4）计算条件表达式。

（5）遍历序列元素。

（6）三元运算符。

二、编程训练（在文件模式中进行）

（1）编写计算分段函数的程序：

$$y = \begin{cases} \sin x + \sqrt{x^2 + 1}, & x > 5 \\ e^x + \log_5 x + \sqrt[5]{x}, & 0 < x \leqslant 5 \\ \cos x - x^3 + 3x, & x \leqslant 0 \end{cases}$$

```
import math
x=eval(input("请输入 x 的值："))

if x>=5:
```

```
        y=math.sin(x)+math.sqrt(x**2+1)
    elif x>=0:
        y=math.exp(x)+math.log(x,5)+x**(1/5)
    else:
        y=math.cos(x)-x**3+3*x
print(y)
```

（2）编程求解一元二次方程 $ax^2+bx+c=0$ ，方程中的 a、b、c 系数从键盘输入。

一般是根据求根公式来求解，即 $x=\dfrac{-b\pm\sqrt{b^2-4ac}}{2a}$ ，利用一元二次方程根的判别式

（$\Delta=b^2-4ac$）可以判断方程的根的情况。一元二次方程 $ax^2+bx+c=0(a\neq0)$ 的根与根的判别式有如下关系：

① 当 $\Delta>0$ 时，方程有两个不相等的实数根；

② 当 $\Delta=0$ 时，方程有两个相等的实数根；

③ 当 $\Delta<0$ 时，方程无实数根，但有 2 个共轭复根。

```
import math
a=eval(input("A="))
b=eval(input("B="))
c=eval(input("C="))
delta=b**2-4*a*c
if a==0:
    if b==0:
        print("方程无意义！！ ")
    else:
        x=-c/b
        print("方程有单根：",x)
else:
    if delta>0:
        q=math.sqrt(delta)/(2*a)
        p=-b/(2*a)
        x1=p+q
        x2=p-q
        print("两个不相等的实根",x1,x2)
    elif delta==0:
        p=-b/(2*a)
        print("两个相等的实根：",p)
    else:
        print("方程无解！")
```

（3）模拟用户登录程序，要求输出账号 zhangsan，密码 666666，正确，提示登录成功（三

次机会重试）。

```
for i in range(3) :
    a=input("账号:")
    b=input("密码:")
    if a == 'zhangsan' and b=='666666' :
        print('登陆成功！')
        break
    else:
        print('账号或者密码错误！')
```

（4）模拟猜数字游戏，要求随机产生一个 100 以内的数字，用户输入一个数，判断是否是数字，是否在 100 以内，统计猜多少次才猜对。

```
import random
rand = random.randint(1,101)
guess = 0
while True:
    num = input("please input one integer that is in 1 to 100:")
    guess +=1
    if not num.isdigit():
        print("Please input interger.")
    elif int(num)<0 or int(num)>=100:
        print("The number should be in 1 to 100.")
    else:
        if rand==int(num):
            print("OK, you are good.It is only %d, then you successed."%guess)
            break
        elif rand>int(num):
            print( "your number is more less.")
        elif rand<int(num):
            print ("your number is bigger.")
        else:
            print ("There is something bad, I will not work")
```

（5）输入 n 的值，求出 n 的阶乘。

```
n=int(input("请输入数字："))
fac=1
 for i in range(1,n+1):
     fac=fac*i
print(fac)
```

程序改进：输入 n 的值，求 n 的阶乘和，如 n=5 时，求 1!+2!+3!+4!+5!。

```
n=int(input("请输入数字："))
```

```
sum,tmp=0,1
for i in range(1,n+1):
    tmp*=i
    sum+=tmp
print("运算结果是：{}".format(sum))
```

（6）求和。求 s= a + aa + aaa +…+ aa…a 的值（最后一个数中 a 的个数为 n）。其中 a 是一个 1～9 的数字，例如：2+22+222+2222+22222（此时 a=2，n=5）。输入：一行，包括两个整数，第 1 个为 a，第 2 个为 n（1≤a≤9，1≤n≤9），以英文逗号分隔。输出：一行，s 的值。如输入：2、5；对应输出：24690。

```
a,n = eval(input("请输入两个整数，用逗号分隔："))
m = a
sum = 0
for i in range(0,n):
    sum = sum+m
    m = m*10+a
print(sum)
```

实验 4　Python 序列计算

【知识回顾】

（1）字符串、列表、元组、字典和集合，分可变的和不可变的，有序的和无序的。
（2）复习每种序列类型的常用操作，并注意区别。
（3）熟悉常用的内置函数。

【实验目的和要求】

（1）熟悉字符串、列表、元组、字典和集合的常用操作。
（2）掌握切片操作。
（3）掌握列表推导式、生成器推导式。

【实验内容】

一、基础训练（在命令行中进行）:

（1）返回字符串"abCdEfg"的全部大写、全部小写和大小互换形式。
（2）判断字符串"abCdEfg"是否首字母大写，字母是否全部小写，字母是否全部大写。
（3）返回字符串"this is python"首字母大写以及字符串内每个单词首字母大写形式。
（4）判断字符串"this is python"是否以"this"开头，又是否以"python"结尾。
（5）返回字符串"this is python"中"is"出现的次数。
（6）返回字符串"this is python"中"is"首次出现和最后一次出现的位置。
（7）将字符串"this is python"切片成 3 个单词。
（8）在列表[1,2,3,4,5,6]首尾分别添加整型元素 7 和 0。
（9）反转列表[0,1,2,3,4,5,6,7]。
（10）反转列表[0,1,2,3,4,5,6,7]后给出其中元素 5 的索引号。
（11）判断两个集合{'A','D','B'}和{'D','E','C'}是否有重复元素。
（12）去除数组[1,2,5,2,3,4,5,'x',4,'x']中的重复元素。

二、编程训练（在文件模式中进行）

（1）依次输入 6 个整数放在一个列表中，请把这 6 个数由小到大输出。

```
L=[]
for i in range(6):
    x=int(input("x="))
```

```
        L.append(x)
    L.sort()
    for i in L:
        print(i,end=" ")
```

（2）列表 ls 中存储了我国 39 所 985 高校的学校类型，请以这个列表为数据变量，完善 Python 代码，统计输出各类型的数量。

```
ls = ["综合", "理工", "综合", "综合", "综合", "综合", "综合", "综合", "综合", "综合",\
      "师范", "理工", "综合", "理工", "综合", "综合", "综合", "综合", "综合","理工",\
      "理工", "理工", "理工", "师范", "综合", "农林", "理工", "综合", "理工", "理工", \
      "理工", "综合", "理工", "综合", "综合", "理工", "农林", "民族", "军事"]
d = {}
for word in ls:
    d[word] = d.get(word,0) + 1
print(d)
for k in d:
print("{}:{}".format(k,d[k]))
```

（3）编写一个程序来计算输入单词的频率，按字母顺序对键进行排序后输出。

输入为：

New to Python or choosing between Python 2 and Python 3 Read Python 2 or Python3

```
x=input("x=")
L1=x.split()
d={}
for i in L1:
    d[i]=d.get(i,0)+1
L2=sorted(d)
for i in L2:
    print("{}:{}".format(i,d[i]))
```

（4）使用给定的整数 n，编写一个程序生成一个包含(i, i*i)的字典，该字典包含 1 到 n 之间的整数（两者都包含）。假设向程序提供以下输入:8；则输出为：

{1:1，2:4，3:9，4:16，5:25，6:36，,7:49，8:64}

```
n=eval(input("n="))
d={}
for i in range(1,n+1):
    d[i]=i*i
print(d)
```

（5）使用列表生成式随机产生 10 个两位的正整数，存入列表 ls 中，输出 ls 中的这 10 个随机数，然后对这 10 个随机数求平均值，并输出统计高于平均值的数有多少个。

```
from random import *
ls=[randint(10,99) for i in range(10)]
```

```
print(ls)
aver=sum(ls)/len(ls)
n=0
for i in ls:
    if i>aver:
        n=n+1
print(n)
```

（6）编写一个接收句子并计算字母和数字的程序。假设为程序提供了以下输入：

Hello world! 123

然后，输出为：字母 10、数字 3。

```
d={'字母':0,'数字':0}
x=input("x=")
for i in x:
    if i.isdigit():
        d['数字']=d['数字']+1
    elif i.isalpha():
        d['字母']=d['字母']+1
for k,v in d.items():
    print("{} {}".format(k,v))
```

实验 5　Python 函数计算

【知识回顾】

（1）函数的定义方法。
（2）函数的参数传递，有位置参数、默认参数、关键参数、可变参数，应灵活使用。
（3）函数的调用。

【实验目的和要求】

（1）理解和掌握函数的定义与调用。
（2）掌握函数参数的使用方法。
（3）理解变量的作用域。

【实验内容】

一、基础训练（在命令行中进行）

（1）创建函数计算 3 个数的和，sum(a,b,c)。
（2）定义打印 n 个星号的函数，总宽度 50，两边填充空格。
（3）按位置传递参数，注意区别，函数为 sum(a,b,c)。
（4）按名字传递参数，函数为 sum(a,b,c)。
（5）参数默认值，sum(a,b=1,c=2)。
（6）可变长度参数的用法 1，函数为 sum(*p)。
（7）可变长度参数的用法 2，函数为 sum(**p)。
（8）lambda 函数用法 1，sum=lambda a,b=a*b+1，求 sum(10,20)。
（9）lambda 函数用法 2，def fun(a,b,op): return op(a,b)，定义 lambda，求 fun。

二、编程训练（在文件模式中进行）

（1）编写函数，判断输入的三个数字是否能构成三角形的三条边。

```
def  is_trangle(a, b, c):
    if a + b > c and a + c > b and b + c > a:
        return "能构成三角形"
    else:
        return "不能构成三角形"
x,y,z=input("请输入三角形的三边：").split()
```

```
x,y,z=float(x),float(y),float(z)
print(is_trangle(x,y,z))
```

程序改进：任意输入三角形的三边，如是三角形，利用海伦公式求三角形的面积。

$s = \dfrac{a+b+c}{2}$，$A = \sqrt{s(s-a)(s-b)(s-c)}$，其中 s 是三角形的半周长，A 是面积。

（2）编写函数，求两个正整数的最小公倍数。

```
def lcm(x, y):
    if x > y:
        greater = x
    else:
        greater = y
    while(True):
        if((greater % x == 0) and (greater % y == 0)):
            lcm = greater
            break
        greater += 1
    return lcm
num1 = int(input("输入第一个数字: "))   # 获取用户输入
num2 = int(input("输入第二个数字: "))
print( num1,"和", num2,"的最小公倍数为", lcm(num1, num2))
```

程序改进：求两个数的最大公约数，在数学上有辗转相除法。两个数的积等于最大公约乘以最小公倍数，程序如下，试求最小公倍数。

```
def gcd(a,b):   # greatest common divisor
    while a%b != 0:
        a,b = b,a%b
    return b
```

（3）编写函数，判断一个数是否为素数，是则返回 True，否则返回 False，然后调用该函数输出 100 ~ 200 以内的所有素数。

```
import math
def IsPrime(n):
    m = int(n**0.5)+1
    for i in range(2,m):
        if n%i==0:
            return False
        else:
            return True
for p in range(101,200,2):
    if IsPrime(p):
        print(p,end=' ')
```

实验 6 Python 科学计算库

【知识回顾】

（1）符号计算库 SymPy 的用法。
（2）NumPy 库的用法。
（3）Pandas 库的用法。
（4）Scipy 库的用法。

【实验目的和要求】

（1）会利用符号计算库 SymPy 解方程、求导、求积分等计算。
（2）会利用 NumPy 库生成 Ndarray 对象，并会使用。
（3）会利用 Pandas 库生成一组数组和二维数组，并能正确使用数组。
（4）会利用 SciPy 库进行积分、解方程、插值和统计计算。

【实验内容】

一、基础训练（在命令行中进行）

（1）数组的创建及使用，用[[1,2,3],[4.,5.,6.]]创建数组并显示数组的相关属性。
（2）数组的使用方法，由 np.arange(12)生成不同的行列的数组。
（3）创建特殊数组。
（4）数组的索引。
（5）数组的计算。
（6）数组的广播。

二、编程训练（在文件模式中进行）

（1）编程计算，求表达式的值 $f(x)=5x+4(x=6)$，$f(x,y)=x*x+y*y$ $(x=3,y=4)$。

```
import sympy
x=sympy.Symbol('x')   #定义符号变量
fx=5*x+4
y1=fx.evalf(subs={x:6})   #使用 evalf 函数传值
print(y1)   # 结果是 34.0000000000000
```

（2）编程计算，求 sin(2x)的导数，sin(2x)二次求导，sin(x*y)对 x、y 求偏导。

```
from sympy import symbols,sin,cos,diff
```

```
x,y=symbols('x y')
print(diff(sin(2*x), x))
print(diff(sin(2*x), x, 2))
print( diff(sin(x*y), x,2,y,3))
```

（3）编程计算，解方程：

$$f(x)=\begin{cases}2x-y+z=10\\3x+2y-z=16\\x+6y-z=28\end{cases}$$

```
from sympy import symbols,solve
x, y, z = symbols('x y z')    # 符号化变量
f1 = 2*x - y + z - 10
f2 = 3*x + 2*y - z - 16
f3 = x + 6*y - z - 28
print(solve([f1, f2, f3]))    #结果：{x: 46/11, z: 74/11, y: 56/11}
```

（4）编程计算，求极限：

$$\lim_{n\to\infty}\left(\frac{n+3}{n+2}\right)^n$$

```
from sympy import symbols,limit,oo
n = symbols('n')
print(limit(((n+3)/(n+2))**n, n, oo))    #E
```

实验 7 Python 数据可视化

【知识回顾】

（1）Python 数据可视化常用的 2 个库：matplotlib.pyplot 和 seaborn。
（2）绘图的一般步骤。
（3）常用绘图的类型及参数设置。

【实验目的和要求】

（1）熟练掌握绘图的基本方法。
（2）能根据提供的数据画出合适的图形。
（3）能画常用的三维图形。

【实验内容】

编程训练（在文件模式中进行）：
（1）已知某年三月每天天气的最低和最高温度数据，请画出折线图并保存。

```
import matplotlib.pyplot as plt
plt.rcParams['font.sans-serif']='SimHei'
y1 = [9,6,5,8,7,8,9,5,8,7,9,12,10,13,11,16,13,13,12,13,12,13,14,16,16,14,15,16,15,16,14]
y2=[12,11,15,18,14,13,14,13,12,17,19,17,14,18,17,17,18,15,17,15,16,19,18,21,19,18,18,19,17,18,20]
x = [i for i in range(1,32)]
plt.title('四月份气温变化图',fontproperties='SimHei')
plt.plot(x,y1,label='最低气温',color="red",linewidth=1,linestyle="--")
plt.plot(x,y2,label='最高气温',color="cyan",linewidth=3)
plt.legend(loc="upper left")
plt.xticks(x)
plt.grid(True)
plt.savefig('d:\\weather.png')
plt.show()
```

（2）绘制函数 $f(x) = \sin^2(x-2)e^{-x^2}$ 在区间 $[0,2]$ 上的图形，并增加合适的文本。

```
import numpy as np
import matplotlib.pyplot as plt
```

```
import math
x = np.linspace(0, 2, 1000)
y = [math.sin(i-2)**2 * math.exp(-i**2) for i in x]
plt.plot(x, y)
plt.xlabel('x')
plt.ylabel('y')
plt.title('y = $sin^2(x-2){e^{-x^2}}$')
plt.show()
```

（3）据国家新闻出版广电总局 2019 年 12 月 31 日晚发布的数据：2019 年内地电影票房前 20 的电影（列表 x）和电影票房数据（列表 y），请绘制条形图直观地展示该数据。

```
from matplotlib import pyplot as plt
import matplotlib
font = {'family': 'MicroSoft YaHei'}
matplotlib.rc('font', **font) # 使支持中文
x = ["娜吒之魔童降世","流浪地球","复仇者联盟 4:终局之战","我和我的祖国","中国机长","疯狂的外星人","飞驰人生","烈火英雄","少年的你","速度与激情:特别行动","蜘蛛侠:英雄远征","扫毒 2 天地对决","误杀","叶问 4","大黄蜂","攀登者","惊奇队长","比悲伤更悲伤的故事","哥斯拉 2:怪兽之王","阿丽塔:战斗天使",]
y=[49.34,46.18,42.05,31.46,28.84,21.83,17.03,16.76,15.32,14.18,14.01,12.85,11.97,11.72,11.38,10.88,10.25,9.46,9.27,8.88]
plt.figure(figsize=(20, 8), dpi=80) # 设置图形大小
#plt.bar(range(len(x)), y, width=0.3) # 绘制条形图，线条宽度
plt.barh(range(len(x)), y, height=0.3, color='orange') # 绘制横着的条形图,横着的用 height 控制线条宽度
plt.yticks(range(len(x)),x)
plt.grid(alpha=0.3) # 添加网格
plt.ylabel('电影名称')
plt.xlabel('票房')
plt.title('2019 票房前 20 的电影')
plt.show()
```

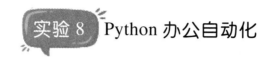

实验 8　Python 办公自动化

【知识回顾】

（1）办公自动化的常用操作文件有 Excel、Word、PPT 等。

（2）Python 办公自动化的常用库有 openpyxl、doc、ppt 等，使用时需要导入。

（3）文件及目录批量操作常用库 os 和 os.path。

【实验目的和要求】

（1）能正确安装导入办公自动化库。

（2）能创建和读写 Excel、Word、PPT 三种常用文件。

（3）能批量处理文件及目录。

【实验内容】

编辑训练（在文件模式中进行）：

（1）已知一个大学里的学院列表为：['材料学院','电气信息学院','数理学院','外语学院','计算机学院']，为每个学院创建一个工作表，并增加学院职工个人信息，保存数据。

```
from openpyxl import Workbook
yuanxicoding=['材料学院','电气信息学院','数理学院','外语学院','计算机学院']
wb = Workbook()
for sheetName in yuanxicoding:
    ws = wb.create_sheet(sheetName)
    ws.append(['工号','姓名','性别','年龄','电话'])
wb.save('d:\\school.xlsx')    #保存位置可以修改
```

（2）创建一个 Word 文件，并写入标题和段落，在段落中添加文字，在第二页中添加一个表格和一幅图。

```
from docx import Document
from docx.shared import Cm
doc = Document()#新建文件
tabs = [
    ["姓名",'学号',"成绩"],
    ['张三',101,93],
    ['李四',102,94],
```

```python
    ['王五',103,98],
    ['赵六',104,100],]
doc.add_heading("添加一个一级标题",level=1)   #标题
paragraph1 = doc.add_paragraph("添加段落 1")   #段落
paragraph1.add_run("粗体").bold = True            #文字块
paragraph1.add_run('正常')
paragraph1.add_run('斜体').italic = True
doc.add_page_break()    #添加分页
table = doc.add_table(rows=4,cols=3)    # 添加表格
for row in range(4):
    cells = table.rows[row].cells
    for col in range(3):
        cells[col].text = str(tabs[row][col])

doc.add_picture("d:\\cat1.jpg",width=Cm(2),height=Cm(3))    #添加图片
doc.save(r'd:\\mydocument.docx')    #保存文档
```

（3）输出当前目录下所有文件和目录。

```python
import os
print(os.getcwd())    # 输出当前路径
print(os.listdir())    # 以列表形式输出当前目录下所有文件和文件夹
# 判断是否是文件夹
for file in os.listdir():
    print(file, os.path.isdir(file))
for file in os.scandir():
    print(file.name)    # 输出文件名称
```

实验 9　Python 人工智能

【知识回顾】

（1）自然语言处理的库与方法
（2）网络爬取数据的库与方法
（3）机器学习常用方法。

【实验目的和要求】

（1）会用 jieba 和 Snownlp 库对中文分词、情感分析。
（2）会爬取网络数据
（3）会机器学习的常用模型

【实验内容训练】

编程训练（在文件模式中进行）：

（1）对字符串"中国特色社会主义进入新时代，我国社会主要矛盾已经转化为人民日益增长的美好生活需要和不平衡不充分的发展之间的矛盾。"进行精确分词，并计算字符串的中文字符个数及中文词语个数。

```
import jieba
s = "中国特色社会主义进入新时代，我国社会主要矛盾已经转化为人民日益增长的美好生活需要和不平衡不充分的发展之间的矛盾。"
n = len(s)
new_s = jieba.lcut(s)
m = len(new_s)
print("中文字符数为{}，中文词语数为{}。".format(n, m))
print(new_s)
```

（2）用键盘输入一句话，用 jieba 分词后，将切分的词组按照在原话中的逆序输出到屏幕上，词组中间没有空格。

```
import jieba
str = input()
ls = jieba.lcut(str)
print(ls)
for i in ls[::-1]:    #逆序
    print(i,end = ")   # end 定义输出后词组间无空格
```

（3）用 DecisionTreeRegressor()对波士顿房价进行预测。

```
import sklearn
from sklearn.datasets import load_boston
boston = load_boston()

from sklearn.model_selection import train_test_split
X_train,X_test,y_train,y_test =
train_test_split(boston.data,boston.target,test_size=0.25,random_state=0)

from sklearn.preprocessing import StandardScaler
scaler = StandardScaler()
scaler1 = StandardScaler()
X_train = scaler.fit_transform(X_train)
X_test = scaler.transform(X_test)
y_train = scaler1.fit_transform(y_train.reshape(-1,1))
y_test = scaler1.transform(y_test.reshape(-1,1))

from sklearn.tree import DecisionTreeRegressor
from    sklearn.metric import *
DecisionTreeRegressor = DecisionTreeRegressor()
DecisionTreeRegressor.fit(X_train,y_train.ravel())
y_predict = DecisionTreeRegressor.predict(X_test)
sklearn.metric.r2_score(y_test,y_predict)
sklearn.metric.mean_squared_error(y_test,y_predict)
sklearn.metric.mean_absolute_error(y_test,y_predict)
```

（4）用 KMeans 对手写体数字进行识别。

```
from sklearn.cluster import KMeans
from sklearn.datasets import load_digits
X,y = load_digits(return_X_y=True)
from sklearn.model_selection import train_test_split
# 随机选取 75%的数据作为训练样本；其余 25%的数据作为测试样本。

X_train, X_test, y_train, y_test = train_test_split(X, y, test_size=0.25, random_state=33)
#将 KMeans 实例化为对象
kmeans = KMeans(n_clusters=10)
#拟合训练数据
kmeans.fit(X_train)
#对测试数据预测
y_pred = kmeans.predict(X_test)
print(y_pred)
```

【知识回顾】

（1）文件读写的一般步骤是打开→操作→关闭，内置函数可以实现。
（2）文件分文本文件和二进制文件，操作时注意区别。
（3）利用 Pandas 或 CSV 模块读写 CSV 文件。

【实验目的和要求】

（1）能正确地打开、读写和关闭文件。
（2）能读写文本文件和二进制文件。
（3）能用不同的方法读写 CSV 文件。

【实验内容】

（1）读取一个含有#注释的文本文件 abc.txt，显示除了以#号开头的行以外的所有行。

```
new = []
f = open('abc.txt', 'r')   #首先要有这个文件

contents = f.readlines()
for elem in contents:
        if elem.startswith('#') == False:
                print(elem)
f.close()
```

（2）将二维列表 [[0.123,0.456,0.789],[0.321,0.654,0.987]] 写成名为 csv_data 的 CSV 格式的文件，并用 Excel 打开它。

```
with open(r'd:\csv_data.csv','w') as fp:
    for row in [[0.123,0.456,0.789],[0.321,0.654,0.987]]:
        line_len = fp.write('%s\n'%(','.join([str(col) for col in row])))
```

（3）从第 2 题中的 csv_data.csv 文件中读出二维列表，显示在屏幕上。

```
data = list()
with open(r'd:\csv_data.csv','r') as fp:
    for line in fp.readlines():
        data.append([float(item) for item in line.strip().split(',')])
print(data)
```

（4）向第2题中的 csv_data.csv 文件追加二维列表[[1.111,1.222,1.333],[2.111,2.222,2.333]]。

```python
import csv
with open(r'd:\csv_data.csv',mode='a',newline='',encoding='utf8') as f:
    csvf = csv.writer(f)
    data = [[1.111,1.222,1.333],[ 2.111,2.222,2.333]]
    for d in data:
        csvf.writerow(d)
```

参 考 文 献

[1] 董付国. Python 程序设计[M]. 北京：清华大学出版社，2015.

[2] 江红，余青松. Python 程序设计与算法基础教程[M]. 北京：清华大学出版社，2017.

[3] DOUG H. The Python3 Standard Library by Example[M]. Addison-Wesley Professional，2017.

[4] 张若愚. Python 科学计算[M]. 北京：清华大学出版社，2012.

[5] ROBERT J. Python 科学计算和数据科学应用[M]. 北京：清华大学出版社，2020.

[6] CLAUS F, JAN E S, OLIVIER V. Python 3.0 科学计算指南[M]. 北京：人民邮电出版社，2018.

[7] 李杰臣. 用 Python 实现办公自动化[M]. 北京：机械工业出版社，2021.

[8] SEBASTIAN R. Python 机器学习[M]. 北京：机械工业出版社，2017.

[9] PAUL D. Python 大学教程[M]. 北京：机械工业出版社，2021.

[10] JAKE V P. PYTHON 数据科学手册[M]. 南京：东南大学出版社，2018.